做！你想的工作

36位職場學長姐現身說法
領你找到出路與力量

風傳媒
THE STORM MEDIA

作者 學長姐說

太雅

目錄 Contents

Chapter 02

這些工作，你從未想過

目錄 Contents

Chapter 03 通過考試，才能做的工作

Chapter 04 靠掌聲與關注生存的職業

Chapter

05

他們擁有超高年薪

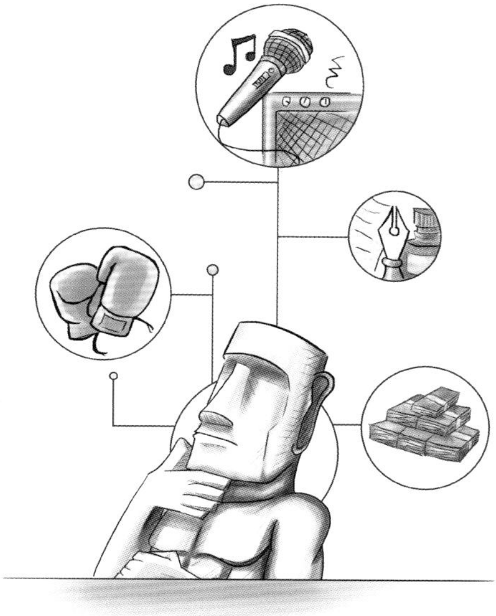

推薦序

為快樂而奮鬥

風傳媒總主筆　夏珍

蘇格拉底說：「世界上最快樂的事，莫過於為理想而奮鬥。」不必管這話到底是不是蘇格拉底說的，重點是，大概沒有人會說這句話是錯的。換一個角度自己說：「人生最快樂的事，就是不必為理想而奮鬥。」那麼是對是錯呢？為快樂奮鬥不行嗎？或許，應該更進一步想想，什麼是快樂？什麼是理想？

小時候寫「我的志願」：做一名清道夫，這多高潔啊，長大後才知道這樣的工作或許做得到但其實不想做；當總統，這志向夠遠大吧？不是做不到，而是二千三百萬中選一，難度太高，就算真搆到了，站在孤峰頂上，每天都有一半的人罵你，保證不快樂。

有些工作需要天賦，有些工作需要證照，有些工作需要天生熱情……，很高與風傳媒同仁出版這本「職人誌」，訪問了行行出狀元的十分之一：三十六行，其中不乏不在三百六十行外的新興行業，很可做為參考。

原來「占卜師」在學習之外要加一點直覺；「新娘祕書」塑造的美，也是成就他人幸福的基礎；「導遊」不只遊歷大國名山，還要臨機應變，伺候旅客各種需求；「公務員」絕對不是錢多事少離家近的肥差，你得拚了命讀書通過公務員考試，要捧好捧滿這個鐵飯碗，得處理各種瑣碎雜事；「禮儀師」薪水超高，卻得有超高正能量和佛心，否則絕對不是尋常人能承受；想搞個小吃攤？要當雞排博士也不是那麼簡單，從備料到展示手藝，每個環節都要注意……

這是一本人生第一步的參考書，從中取得「想做什麼」或「不想做什麼」的參考座標，只有當工作成為自己喜歡的事，才可能達到「為理想奮鬥」的快樂，也唯有快樂才可謂「理想」。做為「資深學姐」，祝福天下新鮮人，都能在奮鬥中找到快樂的縫隙，距離理想愈來愈近。

推薦序

你正走在無限可能的道路上

104獵才招聘暨人才經營事業群資深副總經理　晉麗明

面對工作與職涯，很多大學生與新鮮人經常講的一句話，就是：「不知道要做什麼？」

失業率居高不下、薪資負成長的窘境，更會打擊年輕人的求職信心與工作士氣！

其實，現在的職場早已翻轉只有「白領」與「藍領」的傳統模式；工作類型百家爭鳴的盛況，正在多元的職場上大行其道；每個產業、每項職務，都在分眾市場、量身訂做的消費潮流下，分解重組成為獨樹一格的工作型態！

年輕世代，具備更多的創意與勇氣；能夠去挑戰這些新時代的工作機會，並且藉由社群、自媒體及影音的渠道，來擴大自己的特色與影響力！

服務為王的時代，只要能滿足消費者的多元需求，在各行各業都有發光發熱的機會；零工經濟、獨立工作者與斜槓青年，都是無可抵擋的職場趨勢！

半導體教父張忠謀先生說：「加速的社會，年輕人需要早點成熟，不能太慢；30歲還不能有出人頭地的跡象，這不太好；假如到了40歲，還是平平凡凡，這就很不好！」

加速的時代；「多元需求」加上「分眾行銷」，等於更多的市場間隙與機會；大家必須有自己的想法，千萬不要平平凡凡過日子！

「風傳媒」藉由敏銳的職場觀察，深入採訪36位學長姐的職場工作；有系統的提供年輕世代了解工作內涵及準備的方向；能夠指引面臨職場困惑與抉擇的新鮮人，一個系統思考與職涯發展的藍圖；同時也期勉大家，一定要「勇敢做自己，找到屬於自己的舞台」！

在此，除了向讀者推薦《做，你想的工作》這本用心製作的職場好書之外，也要提醒年輕朋友們：「專業的時代過去了，現在是超級專業的時代」！不管你想做什麼，一定要拼命做到「超級專業」！

祝福具有高度成就動機的職場生力軍，能夠在無限可能的道路上，找到目標與方向；並且憑藉努力與堅持，讓自己出類拔萃，而且無可取代。

作者序

有能力才有選擇權；了解選擇的方向，才有機會喚醒你的能力

你是怎麼決定自己要念什麼科系、未來想做什麼工作的？

絕大多數的人需要工作來生活，「工作」的時間更是占了人生超過二分之一的時間。所以，選擇一份適合自己，或至少不討厭的工作絕對是十分重要的，畢竟我們需要工作的時間這麼長。

我們可能都有這樣的經驗：國中小覺得自己長大要當老師、成為偶像歌手；到了高中選系的時候家人開始討論起什麼科系未來比較有前途或錢途，不會沒工作、能夠領高薪；大學畢業可能還有一些長輩會勸我們去考公務員或金融業，工作比較有保障。

然而，以上這些考量都忽略了我們的興趣和天賦，還有，所謂「有前途、有保障」的工作真的有這麼好嗎？大家「聽說」的時候真的仔細了解過這些工作的內容嗎？再如果，我們天賦所在的事情在求學過程中碰不到，又或者這件事不會這麼早在我們的人生裡出現，那該怎麼辦？

這本書就是為了解決這個問題而生的。透過36個不同行業職人的分享，我們希望能夠提供一個管道，讓正在閱讀這本書的你知道其實有這麼多樣的工作存在著，而這些工作有什麼必備的條件？工作內容又都在做什麼？不管是你兒時想過的夢想職業，還是能賺大錢的高薪工作，在書中都請到工作者們現身說法。如果短短的篇幅可以讓還在探索興趣的你稍微看

見一點方向，或引起你對這份工作的好奇；而已經找到志趣所在的人可以從中更體驗各行各業的甘苦，並且理解他們的專業之處，那便是這本書最大的貢獻了。

《學長姐說》不願走說教路線，我們更希望做到的是提供資訊，讓有需要的讀者容易找到，並且真的能在碰到類似問題的時候成為有用的參考。當然，信不信、要不要採用，最後還是由你決定。（但我們絕對真誠）

身為這本書的主撰文者，我絕對是獲得最多的人。我直接跟職人們面對面，聽他們講述自己的精采經歷，有好多工作內容出乎我意料，也有好幾個工作讓我聽完超級想跳槽（笑）。更詳細的內容就留給大家在書中慢慢體會了。

很感謝書中36位各行各業的職人們毫無保留，掏心掏肺的分享工作心得和經驗，也要感謝風傳媒老闆和營運長支持把這些精采內容集結成冊，還有同事們協助引薦受訪者，公司的設計師力瑋跨刀繪製精美的內頁插圖，協助整理資料和撰文的韵純，以及慧眼看見這個專題的太雅出版社編輯夥伴和書籍設計師們，還有所有協助這本書誕生的人，感謝你們。

有機會的話，也期待能用更多不同的形式分享關於這些職場（或人生）的前輩們的想法。有能力的人才有選擇，但在我們知道有這麼多選項可選擇之前，可能也從來不會注意到自己有某方面的能力吧？讓我們一起站在前輩們的肩膀上，看見更多未來的可能性。歡迎大家持續關注學長姐說，我們會繼續分享更多來自前輩們的經驗和工作討論！

學長姐說頻道編輯　郭丹穎

ONE
10:08:44:03

Chapter 01

我們兒時的夢想職業

插畫家、作家、配音員，或是更常見的小吃攤老闆、甜點師，這些工作者，是小小的我們認識這個世界最初的印象，也很容易成為「我的志願」題目出現時的答案。不過，實際上這些工作的內容跟我們想像的一樣嗎？

用筆下角色傳達想說的話——插畫家

職場學長

H.H 先生

大家眼中的插畫家……

輕輕鬆鬆畫出高人氣角色

隨手就能畫出很可愛或很有特色的插圖，透過社群網站、參與比賽或創作 LINE 貼圖等不定期在網路上更新作品吸引支持者。厲害的插畫家還可以跟各種品牌與產品聯名，創造出像 Hello Kitty 或米奇等全世界知名的角色。

其實真正的插畫家……

從生活中找靈感，晚上才開始工作！

簡單來說就是取材、畫圖，還有跟粉絲互動。以 H.H 先生為例，如果有邀約，白天會參加一些通告、演講等活動，真正的工作時間則是晚餐後才開始。除了每天固定花幾個小時畫圖外，其他時間說起來有點懶散，但要認真生活才能激發靈感！

H.H 先生習慣先用紙筆畫出草圖，再到電腦上完稿（圖片提供／H.H 先生）

我也想入行！

H.H 先生不是設計相關科系出身，很多繪畫技巧都是上網或是自學而來，所以比較不會被既定的畫法「框住」；他也認為其實畫畫這件事本來就沒有限制，但如果有一些繪圖的基礎概念，不僅自學容易，也能發揮出更大的空間。

如果希望作品被看見，除了社群網站，也可以嘗試參加一些公開徵稿的活動，而政府也很常舉辦推動與提倡各種正向議題的藝術創作比賽。只要是能夠分享自己作品的平台，都能多多利用與嘗試喔！

插畫家的收入概況

許多剛入行的插畫家會以接案形式工作，費用依照作品難度、交件速度等狀況而有不同。

而像 H.H 先生已經有許多商品和著名的IP（美美），收入來源主要是來自於商品版稅與IP授權合作等。所以每年經紀公司都會為IP設定品牌主題與商業達成目標，盡量讓IP的收入每個月有台幣4～6萬元不等的所得。但是IP的發展需要很多心力與資源投入，要專注用IP來得到更加優渥的收入，就需要好好思考方向與操作手法囉！

職人都在忙什麼

創造出最有自信的肉肉女孩「美美」的插畫家 H.H 先生，其實也是無心插柳；從來不認為畫畫能夠成為工作的他，在朋友的慫恿下開了粉絲專頁，才慢慢走向全職插畫家的道路。如今 H.H 先生不僅有超過 150 萬粉絲追蹤，也讓美美成為許多品牌代言的角色；更是4本圖文書的作者。來看看 H.H 先生的插畫家日常吧！

「白天就是沒有創作的Fu」，從中午12點開始的日常

H.H 先生的一天從開啟信箱確認 e-mail 開始，雖然

必備的專業

- ＊塑造個人風格
- ＊對時事的敏感度
- ＊各種繪畫技巧（電繪、手繪）

美美會成為 H.H 先生的代表人物，其實也是無心插柳的意外（圖片提供／H.H 先生）

有經紀公司代為聯繫工作事項，但他還是習慣掛上自己的信箱，成為看到每封來信的第一個人，工作相關事項才轉請經紀公司回覆並建議可發展的方向。接著就是午餐時間了，他的生活從白天的11、12點開始到凌晨2、3點。H.H先生認為，白天的聲音很吵雜、會分散注意力，所以自己是屬於晚上才創作的類型。他說：「因為夜深人靜的時候比較定得下心嘛。」

下午他喜歡去逛逛書店、翻翻畫冊。H.H先生說，小時候並沒有專攻學習畫畫，但很喜歡看繪圖教學、動漫的畫冊，他會去書店或跟朋友借來模仿練習；長大以後這個習慣沒有改變，他依然喜歡從各種畫冊、設計類的書籍中觀摩、學習技巧。

晚餐後，會與經紀人進行將近1個小時的行程會議，包括創作進度與交稿進度等等。之後正式進入H.H先生的創作工作時段。不過他也會優先完成粉絲專頁要發表的圖，「因為怕忘記或拖了就不想畫了。」

從粉絲專頁開始受到關注的他很看重與粉絲們的互動與反應，也不太使用預排貼文的功能，總是在電腦前面等到約9~10點，才把今天的作品上傳到各個社群網站。接著他會在平台上看看或回覆讀者們的留言，H.H 先生笑說，有時與讀者的互動相當有趣，也能獲得不同的靈感，如果特別有感受的話題，還會多畫一張插畫在留言來回應粉絲們。

接著就是商業稿件的製作，通常正常的完成時間會到12點或1點，把稿子告一個段落，H.H 先生才休息。但要求完美的 H.H 先生有時卯起來工作有可能忘記時間，一轉眼才發現已經凌晨4、5點了。但他也特別補充，如果平日創作量沒那麼多或是空檔，一定會花幾個小時去健身房運動，「因為長時間坐著也是一種職業傷害，會腰酸背痛。」

仔細構思作畫維持品質，希望可以讓讀者們印象深刻

H.H 先生說，目前在粉絲專頁上的作品，如果沒有特別複雜，大概20分鐘可以完成；這樣的速度當然是技巧跟經驗的累積才慢慢達到的；而靈感收集、認真構思的時間當然沒有算在其中，因為並不是花時間就能想到，所以平常腦中隨時閃過有趣的畫面或題目，都要立刻記在手機備

左｜下午是 H.H 先生固定去逛書店、翻看設計書籍的時間（圖片提供／H.H 先生）
右｜藉著美美爽快的個性說出許多人的心裡話，H.H 先生和美美有大批粉絲支持（圖片提供／H.H 先生）

忘錄裡。

不過仔細觀察會發現，H.H 先生並沒有每天都在平台上發表作品。他有自己的想法，這是為了維持作品的品質和價值，應該要慢慢、好好的畫圖。「因為圖 PO 了，上一張圖就會被遺忘，畢竟每個畫面都很難得，希望作品可以讓讀者們印象深刻。」

「很多人把這份工作看得太簡單。」

水瓶座的 H.H 先生最討厭各種規定，就連最早開始經營粉絲專頁時，也曾擔心每天要更新而考慮再三。因此提到這份工作辛苦的地方，他認為「身為創作者卻畫不出來」是很痛苦的事，也是背負相當大創作壓力的原因。另外，也遇過很多人會把插畫家當成廣告設計師，提出一些違反創作者或筆下角色個性的要求，「但那就不是美美了。」H.H 先生說。

除了身體上的消耗，當然還有知名度帶來更多的檢視和惡意批評，都可能讓原本喜歡的畫圖變成帶來壓力的工作。對此，H.H 先生認為創作者一定會在意別人對作品的看法，但如何理解他人的想法是需要學習的。而他也會繼續藉著美美，把自己關注的事、想說的話傳達給大家。

除了插畫工作外，H.H 先生與美美也會受邀出席一些講座和活動（圖片提供／ H.H 先生）

突襲職人包包

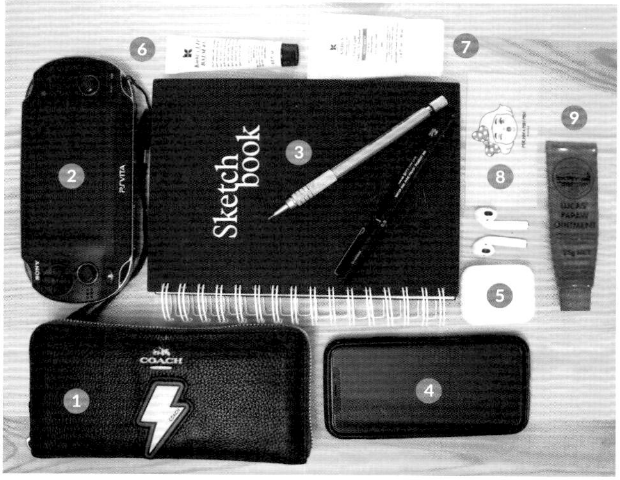

❶ 皮夾｜朋友從美國買回來送我的，非常喜歡那個品牌的風格（主要是閃電圖很帥）

❷ PS Vita｜最近在重溫太空戰士的遊戲，這是給我創作靈感的一款遊戲，動畫很美，每次玩都想畫出那麼美的畫面

❸ 速寫本和筆｜出門或出國一定要帶著，想到什麼都能畫，不是為了打草稿，就是想畫畫時隨時有紙跟筆，所以裡面有我隨手的塗鴉

❹ 手機｜聽音樂、收信、看看時事，主要是定時掌握粉絲專頁的動態，跟粉絲們互動嘍！

❺ 耳機｜任何時候都要有音樂，畫畫、運動、走在路上……都一定要有音樂，因為音樂可以讓我放鬆，聽不同風格的音樂，有時也會影響創作出來的畫面！

❻ 護唇膏｜無法忍受自己嘴巴有死皮……

❼ 防曬乳｜管理好自己的皮膚也是滿重要的啦！

❽ 名片｜新印的名片，很可愛，隨身帶著，有機會就介紹一下自己與美美嘍！

❾ 木瓜霜｜拿來抹運動後手上磨出來的繭，有時過敏常擤鼻子導致脫皮，也會塗在鼻子上

一秒惹怒插畫家的一句話

你沒有把美美的個性表現出來。

明明美美就是我筆下的角色，沒有人會比我更知道美美是怎麼樣的個性。

一本書誕生背後的大功臣——編輯

職場學姐

張芳玲

大家眼中的編輯……

熱愛文學，興趣是閱讀

「早上買杯咖啡進入辦公室，開始埋首於一堆堆的書本、文稿中，享受審稿、校對的文字工作，與作者和總編輯一起談論文學。」編輯，在一般人眼裡看來，就是一份與書香氣息連結的工作，每位編輯應該都很愛讀書，擁有很高的文學造詣和精湛優美的文筆。

其實真正的編輯……

包辦一本書製作過程中的所有大小事

編輯是八爪章魚，瑣碎的任務全都包攬。審稿、校對只是他們繁雜工作中最基本的一小角，主要的工作是：選外文書、和本土作家談新書點子、和美編討論新書版面規畫、對外行銷宣傳、核算成本與定價等。另外，編輯也得

從小愛書、惜書，張芳玲投身出版業超過 20 年，目前擔任總編輯的她，肩負著出版業務的龐大使命

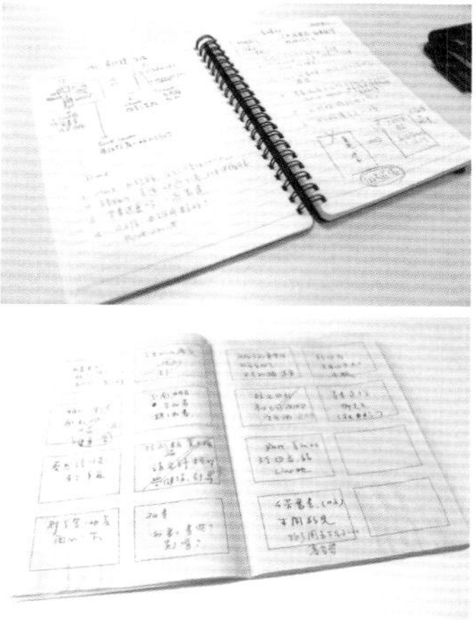

編輯手頭上大概都有２～３本書同時運作，個人筆記本上記錄著各種提醒事項，以免忙昏頭忘記執行

扮演好溝通橋梁的角色，對上要面對主管，對內要與美編、行銷和會計溝通，對外也得代表出版社與作者、版權代理商洽談、催進度等。細心、耐心與十八般武藝，幾乎是成為編輯要具備的基本裝備。

我也想入行！

雖然沒有嚴格規定科系，不過因為書籍出版的種類廣泛，通常需要大專以上學歷；編輯也有很高的機會接觸到外文書，因此具備第二外語能力很重要。除此之外，擁有繪圖、修圖、排版、網頁編輯等技能也能夠為編輯工作大大加分。

雖然進入不同的出版社、媒體業當編輯有不同的入門要求，但絕對不變的便是喜愛閱讀及文字工作、細心謹慎、文字敏感度高、耐壓力、耐繁瑣，及對於文稿或書籍的創意想法。

編輯的收入概況

不論學歷如何，無工作經驗的畢業生，入行起薪2萬7千元起，有英、日文能力的可以再高一些。但一個人適不適合這一行、有無企劃與選書資質，約需要1年半後才能確認。若能持續做出不斷再版的書，就能調薪到3

必備的專業

* 文字、寫作能力（潤稿、校稿）
* 理解力
* 口語表達能力
* 溝通能力

萬6千元以上；升職到負責書系經營以後，薪水會到4萬2千元以上再加獎金，獎金依照銷售數字計算。

近年出版業走向「獎金自己賺」的風氣，栽培抓得到市場口味的企劃編輯。而認為編輯像公務員生活的，不論資歷，薪資多會停留在3萬5千元以內。

職人都在忙什麼

張芳玲，投身出版業超過20年，在圖文書開始發展之際就進入太雅出版編輯圖文書，目前已經成為總編輯的她，分享了她與編輯們的一天。

最怕靈感被打斷！每天安靜編書5小時很正常

在太雅，幾乎每個編輯一個月都要出1本書。以半年度作計畫，編輯會清楚知道自己未來6～8個月要做什麼，再按照時程完成相關書籍的出版計畫。基本上每個月都有新的進度推進，所以編輯無時無刻大概都有2～3本書，落在不同的編輯進度，卻同時都在編務生產線上。

編輯是一份很需要專心的工作，每天早晨，就從編一

一天大部分的上班時間，編輯會鑽進無聲的編書世界，處理手中的編稿進度

本數萬字的書開始。一天不過8小時的上班時間，編輯至少有5小時會鑽進無聲的編書世界，把自己關在小小的辦公桌前，細細推敲作者的用字遣詞，並思索著如何下標題。

隨著時間過去，編輯幾乎完全投入編稿、校稿的工作。張芳玲說，身為編輯，最怕靈感突然被打斷，最多是泡杯茶或咖啡，不會找人聊天，或是突然去做雜務，一心只想一氣呵成把書編完。

雖然說總編輯可以不用編書，但遇到喜愛的書，張芳玲會自己跳下海，過過癮

旁觀者清，與作者或編輯間的溝通交流很必要

不過在太雅，編輯除了埋進稿件的幾小時安靜時間之外，身為專業的旅遊書編輯群，他們不像一般出版社以電子郵件的方式與作家溝通，畢竟旅遊書就像雜誌一樣，有大量圖文需要處理，無法光靠書寫就能表達清楚。所以，每天至少有1小時的時間，會看到編輯戴著耳機，跟住在世界各國的華人旅遊作家進行網路通話，溝通旅遊書的企劃案，或是稿件修改的想法。

除了與作者溝通外，太雅的編輯群彼此之間也必須常常互動。每個人的新書企劃案和編務情況都會在會議上向大家公開，彼此可以回饋意見，因此編輯們常常交流，養成對彼此編的書籍提供意見的習慣。這點與其他出版社獨立運作的編輯也有所不同。

總編工作：編務、確認出版物定價、審核設計、召集會議

身為總編，張芳玲習慣在每天中午前和編輯群討論相關的進度，處理當天一定要處理的事：像是討論文案撰

寫，好讓編輯能夠發稿給美編執行接下來的任務；或是即將出版的書要定價，她就得核定成本單。與旗下的編輯討論完後，她開始審核相關書籍的封面設計、文案與內容排版。

花了整個早上處理完每位編輯的問題，她也會開始埋進自己負責的書，雖然說總編輯可以不用編書，但是遇到喜愛的書，她會自己跳下海，過過癮。張芳玲喜歡在下午3、4點召集大家開會，她說：「早上是編輯群頭腦最清晰、效率最高的時候，是進行編務和與外界聯繫的最佳時間，到了下午大家開始沒電，就適合來場會議講講話、腦力激盪。」

每次會議，編輯會報告自己負責的進度，並且回報遇到的困難，以便出版社隨時調整出版進度；也會針對各個書籍的提案，討論並進行票選，慎重地決定要簽約的案件，這樣的編輯會議一週一次。其他的日子則是個別的討論，特別是行政與行銷人員，針對不同案子，邀請相關的主編，為新書發表會、媒體宣傳、異業合作案等做專案討論，張芳玲認為這才是最耗盡腦力的會議。等這種會議開完，她也會稍微摸魚上網、放鬆一下，到了晚上找個同事一起吃飯，大家都回家後，她會再回到公司，沈澱一下這整天的工作重點，確認是否還有必須立刻聯絡、無法等到明日的事情。

自由是責任的反面，工作就是生活

總編上下班不需要打卡，也就沒有固定的工作時間。張芳玲說：「隨著編輯的位階越來越高，發展成一位能獨當一面的企劃型編輯，甚至是當上總編之後，公司相對而言會給予更多的自由，養成自我管理的習慣也變得相對重要。」

雖然行動比較自由，但打開張芳玲的包包，還是能夠看到厚厚一疊的書稿，因為她還是需要執行一些決策、審稿任務，為自己的工作負責，隨時把工作帶著走，已經成為她生活常態的一部分。

突襲職人包包

1. 平板電腦｜方便看稿用的
2. 筆記本｜隨時記下書籍設計和排版靈感
3. 鉛筆盒｜內有作筆記用的繽紛色筆
4. 待辦事項記事本｜習慣用方格筆記本來記錄自己的代辦事項，完成一項就劃掉
5. 多變焦眼鏡｜看稿時必須戴
6. 手帕、水壺、好用的雨傘

一秒惹怒編輯的一句話

人家是律師，很貴；
你只是寫幾篇文章，編本刊物，沒什麼！

張芳玲曾經參加過某財團法人的團體，多年幫忙寫文章，甚至編刊物都是無酬的；有一回這團體需要打官司，請了同樣參加此團體的律師幫忙，竟主動付費數萬元給他。她不禁問：「為何他不能跟我一樣義務奉獻？」當場有人就說：「他跟妳不一樣，他是律師啊！人家一個小時賺多少錢……」自此，張芳玲就停止為此團體書寫和編刊物。如果你認為請律師、醫生、計程車司機幫忙，應該要付錢，那麼為何唯獨文字工作，會讓人覺得只是「舉手之勞」？這會令文字工作者受傷，在他們眼中，自己寫的字和律師提供的服務是一樣價值不斐的！

每部動人演出都從這裡開始——編劇

職場學姐

徐譽庭

大家眼中的編劇……

咖啡廳就是工作室，生活悠閒愜意

一些影視作品裡描寫的編劇，只要到咖啡廳用筆電，身上永遠攜帶著筆記本、錄音筆或相機，方便隨時寫下生活中的觀察、感觸，以及瞬間襲來的靈感。交友廣闊，在連續劇、電影的製作過程中，結識許多演藝圈名人、導演。

其實真正的編劇……

溝通是最重要的工作事項

除了寫劇本，編劇也必須和導演、製作單位以及電視台長官溝通開會，討論劇本內容並反覆修改直到劇本演出；也需要因應拍攝過程的不可抗力因素，隨時協助修改劇本。事實上，編劇生活是一種非常單調的節奏。

徐譽庭與寫稿桌上的必備三寶：老花眼鏡、提神醒腦萬金油、保持手部潤滑的乳液

除了寫劇本，編劇也必須和導演、製作單位以及電視台長官溝通開會，反覆討論劇本內容（圖片提供／徐譽庭）

我也想入行！

比起加入寫手特訓班，或拿專業學歷文憑，徐譽庭強調，加入編劇行列的關鍵，累積足夠的生活體驗是更重要的。比方說30歲以後，生活經驗不論工作、愛情、親情、友情……各方面都較豐富，是她認為最適合入行的時間。

另外平時就要多方嘗試，大量創作，不受限於規章或形式，就是「一直寫」，那麼當機會來臨之時，就可以大膽爭取。

編劇的收入概況

編劇的薪水不是固定月薪，依每一檔戲的製作費而不同。目前台灣一般的偶像劇，一集90分鐘編劇費用約7～15萬。假設編劇統籌拿到一檔10集的戲，若找了10個編劇，那每人就只分配到1集的錢，而統籌願意給多少其實也和良心有關。

編劇的年資也不是加薪的標準，和徐譽庭相同輩分的編劇也有不同價碼，一集可以拿多少錢，每個人都不一樣。例如她剛入行時，寫的是半小時的青少年劇，每集約5千元；之後跟著王小棣導演學寫劇本，當《大醫院小醫生》的寫手，前半年做田野調查時，其實並沒有收入；等到開

必備的專業

* 表達能力
* 美學基礎
* 對生活「有感覺」

始被分配寫劇，才有每集1小時約3萬的編劇費用。而如今已經有相當經驗的徐譽庭，一集90分鐘的劇本要價15萬元左右。

職人都在忙什麼

從事編劇工作近20年，獲金鐘獎肯定的徐譽庭，現正專心一志的投入自己想寫的故事當中。

確實控管進度、任何事都要事先安排的「schedule控」

習慣於夜晚工作的徐譽庭，一天的開始於中午的12～1點之間。仍舊穿著睡衣的她，在開啟電腦的同時，必定會為自己煮上一杯咖啡。緊接著打開行事曆，確認近期與製作單位的開會時間。個性嚴謹的徐譽庭其實是個極度的「schedule控」，她的行事曆都是以年為單位進行安排，這樣才可以確實控管每週以及每天的執行進度。

回覆完行政信件之後，徐譽庭點開前一天寫的劇本，為了確保劇中情緒承接流暢，她往往會從第一集開始重新讀起。「我希望每一天都活在情節當中。」所有劇情的出現以及銜接順序，在徐譽庭的腦海裡，都是非常清楚且縝密的。正因為如此，經常發生由她主動聯繫製作單位，提議修正劇本的狀況。

回顧完劇本，當下內心充滿劇情能量，徐譽庭便會牽著愛犬出門散步。回到家沖個澡，大約下午3點左右，才回到電腦前，正式開始一天的工作。

從事編劇工作近20年，徐譽庭依舊全心投入創作（圖片提供／徐譽庭）

感動人心的劇本，從生活出發

徐譽庭解釋，編劇也分為許多不同的類型，有些人需要豐富的人生歷練，時常周遊列國尋找創作的題材，而她個人則是從感觸出發，將生活中的經驗轉化為情感，進行創作。

「就像有一次我要出門，外面正準備打雷，我的狗因為害怕而一直阻止我離開，最後我是在半踩著其中一隻鞋的情況下衝出門的。」面對狗兒的依賴，徐譽庭有感而發，「就算我殘忍的留下牠，牠對我的感情也沒有改變，依舊在我回家的時候搖著尾巴歡迎我，這種愛的表現，換作是人，是絕對做不到的。」而「為什麼做不到」就會成為她創作的靈感來源。

徐譽庭每天都會牽愛犬出門散步，從生活中尋找靈感

專屬的靈感小火鍋

大多數的日子裡，徐譽庭會太專注於寫作，因而錯過吃飯時間，導致整個星期都吃同一家小火鍋，只因它營業至晚上10點。吃到後來，店員都知道有一個客人的職業是編劇，總會邊吃邊在筆記本上寫東西。有幾次，徐譽庭忘記帶紙筆，必須向小火鍋的店員借，員工們還會熱情的回應：「又有靈感囉！」

吃完晚餐，徐譽庭返回家中，利用2個小時的時間觀看電視或FB，稍作休息。雖然眼睛盯著電視螢幕，心中卻依然在構思劇本。12點左右，她溜了第二次狗，回覆行政信件，便再次投入創作之中。

約莫凌晨4、5點再去洗一次澡，準備上床睡覺，徐譽庭分享一天可能「沖澡」2~3回，這對她來講是沉澱心靈、整理思緒、靈感衝擊的好方法，重新坐回位置寫稿，有時一坐就到了早上6、7點。

快樂與痛苦並存的編劇生活

談及編劇工作中最喜歡以及最討厭的部分，徐譽庭回答：「這問題對我而言，答案都是一樣的，就是瓶頸。」

創作過程中難免遇到缺乏靈感、寫不出來的時候，此時，徐譽庭會放下手邊的工作，踏出房門，去實際體驗生活。她相信，所有的感動，都源自於生活周遭，而編劇的職責，便是去挖掘這些生活感觸，並將其吸收成創作的養分。

「瓶頸，反方面來看，就是進步的過程，」徐譽庭也以此勸說創作者，秉持正向的心態去面對困難。「如果你在這裡突破了，你的創作能力將更上一階。」能夠運用不同的視角去闡述這個世界，並在過程中與作品共同成長，或許就是這個行業，令人著迷的地方。

徐譽庭侃侃而談她的編劇生活

徐譽庭的一日行程表

時間	行程
12:00	起床／煮咖啡／查閱行事曆／收發行政信件／閱讀先前寫的劇本
13:30	溜狗／沖澡
14:00	正式開始創作
20:00	在小火鍋店吃晚餐
22:00	稍作休息／看電視
24:00	遛狗／收發行政信件
04:00	沖澡
06:00	睡覺

突襲職人包包

❶ **保溫杯**｜習慣身上會帶 2 個，一個放咖啡或茶、一個裝水。這是平常出門必備的，尤其是咖啡，如果沒有咖啡就需要很濃的茶

❷ **錢包**

❸ **護手霜**｜喜歡手很滋潤很滑的感覺，包包裡都會放

❹ **原子筆**｜對筆的品質滿挑剔的，重點就是要寫起來很順滑，如果還可以兼具美感就更好了，價錢和牌子倒不是重點

❺ **筆記本**｜不管到哪裡都要隨身攜帶筆記本來記錄感觸。用小學生筆記本其實沒有特別的原因，就是方便，特別喜歡的是內有橫線，寫國文科或英文科作業的那種

❻ **手機**

一秒惹怒編劇的一句話

我說我的故事給你做靈感，超精采的。

真實的人生故事，確實有可能比戲劇還精采，但編劇創作的不只是精采故事，而是對生活及生命的感觸，以提供觀者一個共鳴、繼續努力生活的力量。

將腦中所想，轉化為精采文字——作家

職場學長

伍薰

大家眼中的作家……

只要動動筆，就能擁有豐厚的版稅收入

每天工作時間超彈性，可以窩在家工作或是帶著電腦到咖啡廳，只要有好的文筆寫出好故事，就能獲得豐厚收入和版稅，簡直是理想職業！

其實真正的作家……

靈感乍現後努力取材，成就一部好作品

當作家在腦海裡構思出作品靈感，畫好故事藍圖，就必須開始取材，如文獻、照片、科學理論、訪問等等。

一般是取材和寫作同時進行，想出好點子時，也往往需要及時與專業人士來釐清可行性，所以每天除了寫作之外，發想靈感、勘查採訪，出門觀察生活、收集故事，也是作家工作的一部分。

下班後切換成作者模式，伍薰認真的撰稿（圖片提供／伍薰）

我也想入行！

作家並沒有一定的入門途徑，只要有心寫作，都有成為作家的可能。重要的是要能靈活運用文字和大量閱讀，透過不斷的練習，把自己想表達的意念傳達出去，漸漸培養出個人的文學素養和作品特色。

若想成為能夠固定出書的作者，除了參加比賽嶄露頭角、穩定發表文章養出讀者，或向出版社毛遂自薦，都是值得嘗試的方向。

伍薰就算出去放鬆遊玩，也不忘在生活中取材（圖片提供／伍薰）

作家的收入概況

目前大多的書藉，作者收入來源有兩種：

1. 版稅合約：書本定價 × 版稅的百分率 × 印刷的本數＝作者版稅收入。若一本書定價250元，首刷2千本，而作者的版稅百分比是10%，則預付版稅＝250×10%×2000＝50,000。第一次領款之後，若有超出2千本的額度，出版社通常每半年或一年會結算一次版稅。作品銷量越好，作家的收入就越多；雖然實體書出版業整體的衰退是正在發生的事實，不過再怎麼慘澹的產業依舊會有賣得好的

必備的專業

- *洞察力
- *抗壓性
- *文字運用力
- *背景底蘊

產品。

2. 賣斷合約：通常給予的金額會比版稅合約來得高，不過出版社會擁有更多相關權利，現在似乎比較少有這樣的合約了。

但現代作家9成以上都無法單靠寫作營生，因此建議找一份有穩定收入、同時不會壓榨太多時間的工作（兼職也可），打好追求夢想的基礎。

職人都在忙什麼

隨著2001年《魔戒》電影上映，世界開始吹起奇幻作品的風潮，也陸續有台灣出版社開始挖掘台灣的創作者出書，熱愛奇幻的伍薰在2002年獲得文學獎後正式出道，搭上熱潮出了第一部作品，從此展開作家生涯。

伍薰白天是個正職上班族，下班後的他並沒有休息、而是換上了作家的外衣，在燈火漸漸亮起的傍晚，展開創作的一天。2014年伍薰創立了海穹文化，也從單純的作家，變成身兼編輯與出版社經營者的身分，然而，他的創作能量，並未因為職務的增加而有所減少，這或許跟他出社會以來的歷練有關。

上｜伍薰到年少時代的偶像殘黨主席的店裡，討論系列作品內容 下｜有時候伍薰會到外面的咖啡廳寫稿，比起在家更能專心（上、下圖片提供／伍薰）

從企劃出書到真的出書，時間難以預估……

一本作品是如何誕生的呢？當伍薰有了作品的新構想之後，除了思考作品的發展性之外，也會根據自己的偏好、篇幅與對題材的掌握度，來評估是否執行。然而寫作並非有著生產線的工廠，投入的時間與產出無法以等值換算，再加上作者往往對自己作品會不斷有想修改的念頭，因此完成的期程的確不容易估計。

不過排除各種意外狀況的話，通常作者的作品被採用後，會先大概約定出版的時程、並往回推算出每一次校稿、排版、確定印製的時間等等。

邊工作邊當作者／編輯的生活

結束了忙碌一天的工作，伍薰平常回到家除了處理生活的庶務、稍作休息之外，也把握僅存的時間打開電腦，專心致志於新作品的寫作。

而關於作品的構思與取材，伍薰並沒有特別安排時間來進行，或者換句話說：就他而言，生活中的每分每秒都是醞釀故事素材或底蘊的時刻。以長篇作品來說，一旦「進入」了作品的故事情境中，日常生活都會呈現一種宛如「生活在狹縫」的狀態：雖然吃著現實世界的食物、處理著現實世界的事務，但意識卻往往已經飛到另一個次元；20多年以來，也有許多朋友會覺得伍薰「活在自己的世界裡」。

不過身為一位創作者，三不五時還是有機會出席講座、簽書會這類型的宣傳活動，然而參與活動也是非常耗費體力與精力的事情，因此時間的分配是相當重要的課題。

此外，身兼出版社經營者的他，也得挪出時間處理出

上｜初版的稿件完成後伍薰習慣列印出來，方便抓出需要修正的地方和筆記，之後再更正成第二版的稿子 中｜身兼編輯，確認設計師的排版、校錯字等，也都是伍薰的工作內容 下｜角色能變成周邊商品是創作者最開心的事！在伍薰與事業夥伴的合作授權下，作品《臨界戰士》的角色以金屬模型重現了！（上、中、下圖片提供／伍薰）

版社的庶務、編書、行銷活動等等，委婉的跟作家老師們催稿和溝通也是一門學問，時間就這樣不知不覺的過去。

因此，提高自己處理事情的效率、將每件事情按部就班執行完成，也是相當重要的環節；同樣的，由於是作家出身經營出版社，伍薰也能了解這兩種角色在同一本書的製作上，觀點並不盡然相同，因此在哪個階段該從哪種角色的觀點出發，需要能夠快速切換。

兩種創作者

在創作這條路上，有兩種形式，一種是根據時下偏好與流行來創作，另一種是寫自己喜歡的。嘗試過兩種創作之後，伍薰最終選擇忠於自我，他說如果創作的過程中沒有愛，只是硬寫，會無法全力投入，之後看到那樣的作品會有點彆扭，覺得作品的靈魂不夠完整，身為作家的他只想利用每一天，一心一意投入在他有興趣的題材中進行創作與出版。

伍薰和其他作者或工作夥伴的會議沒有固定的地點，也因此喝過了全台各地不同的咖啡（上、下圖片提供／伍薰）

突襲職人包包

1 筆電｜不論是編輯或者寫作，筆電都是最重要的生財工具

2 紙本書｜若不是參考資料就是閒書

3 筆記本｜有時候還是需要筆記的

4 各種筆｜辦活動時需要提供給作者幫讀者簽名

5 行動電源｜確保對外聯絡的暢通，不會失聯

6 文件｜當天會議要用準備的資料、要寄的文件等等

7 紅白機搖桿造型名片夾｜一樣喜歡遊戲的女友送的，兼具意義和實用性的禮物，也提醒自己工作不忘娛樂

8 外接鍵盤、滑鼠｜雖然在外寫稿用筆電比較輕便，但操作上還是習慣用外接鍵盤和滑鼠，打字速度比較快

一秒惹怒作家的一句話

不過是寫幾個字，我也可以。

這個是開地圖砲，除了作家之外，企劃、編劇、行銷等等職位全部中槍，每個人都會寫字，不代表每個人都能夠妥善的運用文字表達自己的想法，有的人只要寫幾個字，就能感動人，這絕不是每個人都辦得到的。書寫故事與企劃是一門專業，如何架設結構、營造情緒，甚至讓閱讀者的情感獲得共鳴，背後都涉及相當複雜的思考過程。「把字打出來」是腦部高效運作之後的動作，但很多人往往只能看到這個層面。

讓婚禮主角成為世界上最美的存在——新娘祕書

職場學姐
彤彤

大家眼中的新娘祕書……

帶著一堆化妝品，從事「美」的工作

拖著一卡行李箱，打開是琳瑯滿目、尺寸齊全的刷具和瓶瓶罐罐的彩妝品、保養品，讓新娘在人生最重要的時刻更加美麗動人；穿著利落、本身也很會打扮、了解時尚潮流，製造「美」的一份工作。

其實真正的新娘祕書……

不斷精進，替每個新娘畫出最適合她的妝

新娘祕書（簡稱新祕）提供的服務包括婚紗攝影的髮妝造型、婚禮當天的髮妝造型等等，平時也要隨時關注其他新祕或彩妝師的作品、了解最新的彩妝產品、掌握任何能夠幫助自己工作的資訊。最重要的，就是讓新娘以最美麗的狀態出現。

讓每位新娘子能以最完美的狀態拍婚紗、完成婚禮，是新祕最重要的任務（圖片提供／彤彤）

外拍過程中，新祕也會在旁邊注意新人造型是否 OK，隨時幫忙補妝（圖片提供／彤彤）

我也想入行！

大部分新祕都是從助理做起，可以試著詢問一些彩妝師、新祕是否有缺助理。但必須注意的是，擔任助理的期間普遍有工時長又低薪的問題，卻也是能夠觀察到師傅的技巧、扎實訓練技術的機會。

另外，台灣有許多學校都有美容彩妝或造型相關科系可以就讀學習，如果在就學時期就確定自己的志向，可以把握這些學習的機會。也有人會選擇參加一些坊間的課程，或是自己在家看影片或書籍學習，培養對彩妝美感的熟練度和興趣。

必備的專業

＊基本底妝、彩妝

＊基本保養技巧

＊溝通能力

＊了解婚禮流程

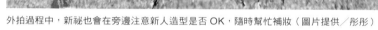

新娘祕書的收入概況

獨自接案的新祕，單場婚禮的工作報價從1萬2千～3萬元以上都有，頂尖的造型師甚至能開價5萬或更高；只要認為自己能力夠、顧客也接受，隨時能幫自己加薪。

除了婚禮外，平日的工作以婚紗照的造型為主，大部分會跟攝影師合作，也有很多人會跟婚紗公司配合。價格依有幾套禮服搭配不同髮妝決定，費用從3千～1萬5千元不等，也是依照每位造型師的功力決定費用高低，所以新祕需要經常精進能力，會更有機會提升自己的價值與價碼。

職人都在忙什麼

彩妝師彤彤大學念的是經濟，但上班幾個月後覺得在工作中沒有成就感，正巧有親戚介紹她去劇組的梳化組，她也因此遇上彩妝工作的啟蒙師傅，開始接觸真正有興趣的彩妝工作。因為劇組拍片的空檔，她接了一些新祕的案子兼著做，發現自己更喜歡新娘祕書充滿幸福的工作氛圍，才轉移到以新祕為重心的彩妝工作。

新娘祕書第一步——經營自己，讓顧客找上門

除了婚禮當天是最重要的工作時刻，其實一位新祕的工作行程通常會提前3個月確定，因為除了很臨時決定檔期的新人，大多新人幾乎都會在前3個月，甚至1年前就趕緊把新祕老師的檔期訂下。畢竟大部分新人辦婚禮的時間都在週末，需要新祕的時間也很容易重疊，因此這項服務都是預約制的。

獨立接案的新娘祕書，無論是粉絲專頁或部落格、Instagram等等，第一步是建立一個能夠展示作品的頁面，放上之前的新娘妝照片，供顧客了解自己的風格和畫出來

彩妝師的彩妝品、工具全都需要自己準備，所以常會看到他們帶著一大卡行李箱去工作（圖片提供／彤彤）

上｜除了搭配服裝，配合上妝者的臉型、膚況和對妝容的需求做出彩妝設計，很倚賴彩妝師的經驗和技術 下｜除了彩妝，通常新祕也要會一些髮型造型、或找搭配的髮型師夥伴協助（上、下圖片提供／彤彤）

的妝感。

如果新娘喜歡新祕的造型設計，就會透過服務諮詢或預約連絡新祕，新祕的工作也正式開始。彤彤會先了解新娘的需求，需要包含儀式或只要宴客的妝髮？總共需要幾套造型、服裝的搭配是什麼？除了新娘之外還有誰需要梳化？有沒有特別的需求、時間地點是否能配合等等，都是她接到案子時需要先確認的事。

雙方有了基本的討論之後，彤彤也會先回覆大概的報價，如果仍有意願合作，就可以簽約、正式把時間訂下來了。簽約前，有些新娘會希望新祕可以提供試妝，這部分則有另外的收費。敲定婚禮的時間後，彤彤還會根據新娘的需求，提供一些皮膚保養或髮型的建議等等，剩下的就等到婚禮當天囉！

從家裡開始！隨時讓新娘保持最美的樣子

新祕的工作就是讓新娘子隨時維持最美麗的樣子。婚禮當天，彤彤的工作從新娘家裡開始。因為每對新人所需的婚禮儀式不同，新祕的工時也不一樣。如果是辦午宴、簡單一點的儀式，也許早上8點左右開始幫新娘準備造型就綽綽有餘；不過彤彤也接過因為儀式需求，凌晨1點就要開始幫新娘化妝，直到晚上請完晚宴才結束的工作。

接著就是準備新娘的髮妝和造型了。彤彤會事先了解新娘當天的服裝款式、顏色，並準備合適的頭飾、配件供

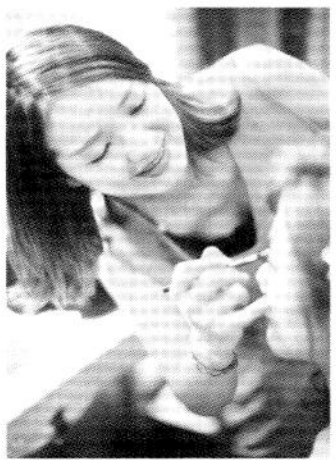

上｜化妝過程中，彩妝師會與新人聊天，常常可以聽到很多有趣的小故事 左下｜彤彤說，新祕的工作還有一項，是「幫新娘整理心情」 右下｜上好妝後，彩妝師的工作就告一段落，可以大致開始整理相關的器材（上、左下、右下圖片提供／彤彤）

新娘使用。在這段期間，彤彤說，新祕還有一件很重要的工作，就是「幫新娘整理心情」。在這個大日子，新娘難免會緊張，或擔心自己氣色不夠好、婚禮大小事是否處理妥當。「有些話可能也不方便跟老公或家人說，就會跟我說，這時候我們也有點像輔導老師。」彤彤笑著回憶。

儀式過程中，彤彤會在旁邊協助遞衛生紙、幫新娘補妝、讓新人可以漂亮拍照。等到在家裡的儀式都完成，新娘坐上禮車後，彤彤才跟著移動去婚宴會場。到了會場，新祕的工作就是在新娘房裡幫新娘換裝和造型。這可是分秒必爭的時刻，因為新娘的換裝時間不太多，必須在短時間內完成換裝和造型，此外彤彤還會叮嚀助理幫忙確定婚禮流程跟時間上是否有任何問題。

「有句話說，新娘結婚這天沒煩惱，以後才能過好日子；所以如果可以的話，我們會盡量幫忙，因為看到新娘出嫁，我們也希望她們未來能夠幸福。」

參與新人們人生中重要的一天

直到送客結束、新娘卸下頭飾，新祕才真正的算是工作結束。除非不得已一天遇到兩個案子、需要趕場才會提早離開。不過彤彤還是盡可能以一天一場婚禮為主，畢竟能從頭到尾參與新人們人生中最重要的一天、幫助新人成為婚禮最美的焦點，是這份工作最令人開心的事。

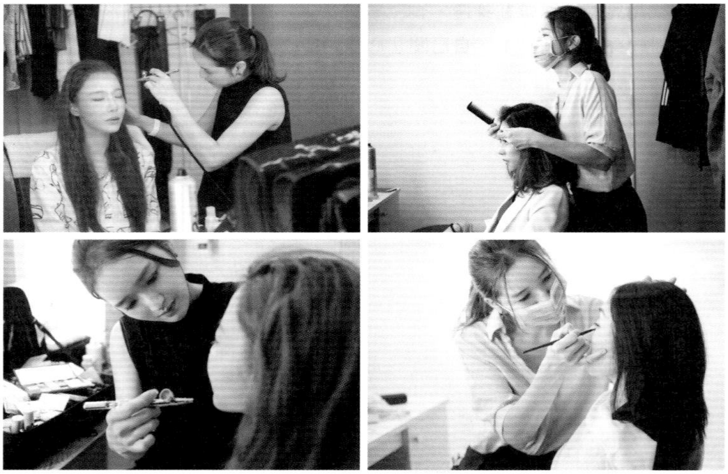

彤彤認為能參與新人們人生中最重要的一天、幫助他們成為婚禮焦點，是這份工作最令人開心的事（圖片提供／彤彤）

突襲職人包包

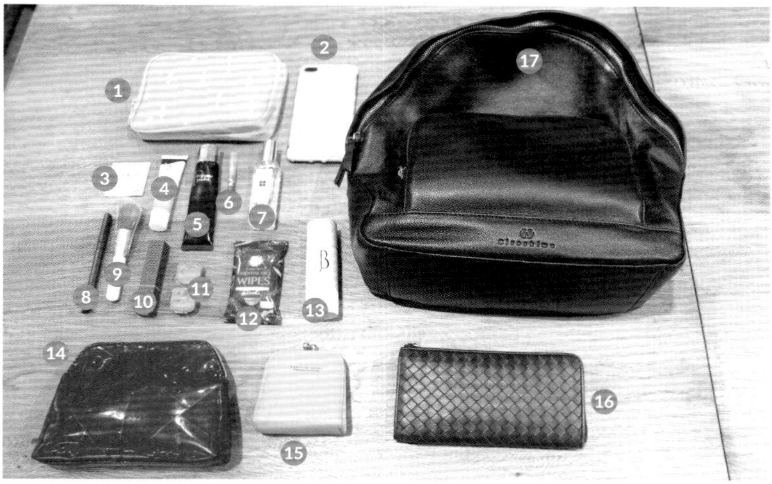

1 護照包｜沒出國也好用的收納小袋，拿來裝充電線、行動電源等
2 手機｜全世界公認的必需品，彤彤也很常用 FB 或 LINE 跟新人討論事項
3 酒精棉片｜主要用來清潔手機，可以消毒跟擦手機鏡面
4 護手霜｜朋友送的土耳其護手霜很滋潤，洗完手也要滋潤一下
5 隔離飾底乳｜彤彤愛用款，幾乎各膚質都可以用
6 眉筆｜會把快用完的眉筆帶在身邊，省空間又好帶
7 香水｜喜歡帶一點香味在身上，自己聞了心情也會好
8 9 10 眼線液、蜜粉刷、唇膏
11 隱形眼鏡盒｜彤彤小祕訣，用來外帶粉底，完全密封又方便省空間
12 香氛濕紙巾｜有時候工作一天下來流汗，可以擦擦，既舒服又帶點微香
13 乾洗髮
14 化妝包｜化妝小品都放進去就對了
15 小零錢包 16 皮夾
17 後背包｜彩妝師最需要後背包，才可以空出雙手方便做事

一秒惹怒新娘祕書的一句話

可以順便幫我畫一下妝嗎？沒關係簡單就好！

每位造型師的養成，都是花了許多努力、時間，甚至高額的學費、彩妝髮妝用品等等數不盡的成本。新人「付費」請新祕來替他們梳化造型，表示認同造型師的服務專業價值，所以沒有所謂的「順便、簡單」！需要服務就要付費，而彩妝師也會做到最好。

凡事親力親為，駐足一方小天地——小吃攤老闆

職場學姐

小孟

大家眼中的小吃攤老闆……

從早忙到晚，出餐迅速記憶力強

做吃的，要提早備料，工作時間在熱騰騰的煎台前忙碌，對於記住客人的點單很有一套，額頭上大顆小顆的汗水、快速端出美味又平價的料理，是餐飲小攤老闆給人的明確印象。

其實真正的小吃攤老闆……

除了煮食、整店，還需思考經營方向

或許就是因為一般人的生活經常接觸餐飲業，其實小吃攤老闆的工作內容跟大家所看到的相去不遠，每天都需要備料、烹煮、預估來客量進行採買、店面的清潔和布置。比較不被看到的，是需要思考整間店的經營方向，其實也是老闆們的工作內容。

「早餐一定要吃好吃飽。」小孟端出的每份餐點都誠意滿點（圖片提供／小孟）

我也想入行！

想經營餐飲業的攤位，一開始總需要一筆錢來付租金、水電、材料、人事費用等等，但租金金額因地區而有很大的差異。小孟約用20萬左右頂下台中市中心外圍的一間小店面。

接著還要學習商品作法，可以考慮自學或加盟成為連鎖店（但就需要另一筆加盟金）。此外也需要把關自己店面的資金狀況和收入。

小孟說，不用害怕沒經驗，沒經驗也就沒有包袱，學就好了。她也建議想以餐飲創業的人一開始不能想回報，但要設定自己的停損點。

每天早上，小孟會去可信任的攤子採購新鮮的食材，用心準備營養又安心的餐點

必備的專業

- *把自己的產品做好
- *意志力
- *早起
- *不服輸的精神

小吃攤老闆的收入概況

小孟賣的是早餐，人力是自己加一位工讀生，每個月的營業額約7萬~7萬5千元左右，一般的小吃店利潤會抓在7成左右，但小孟堅持用料的品質，成本稍高一些，扣除成本之後的月收入約在3萬~3萬3千元之間。

職人都在忙什麼

從澳洲打工度假回來後的小孟，原本租了一間店面前的位子，準備了一台小餐車賣鬆餅；後來店面頂讓，她順勢把店面頂下來，因為認為「早餐一定要吃好吃飽」，決

小孟照著自己的步驟，耐心的慢慢醃豬肉、煮茶和味噌湯

定改賣豬排炒麵當早餐。如今，這一家從布置、食材用料到販售都藏滿小孟想法的「真心豬排炒麵」，已經是吸引許多遊客慕名前往、台中有名的早餐小店了。

早餐店的宿命——透早就開始醃肉煮茶

小孟的店從早上7點開始營業，不過天還沒亮，小孟5點就先到市場裡熟識的豬肉攤子買豬排用的大里肌肉了。小孟說，既然要做吃的，當然要做自己也敢吃的食物。其實所有的食材該去哪買她一開始也不懂，都是問媽媽、找自己從小吃到大的食材。豬肉攤的伯伯跟小孟也非常熟悉，看到她來，一句話也沒說，就默默把肉片處理好遞給她。騎著摩托車採買的小孟，載貨空間並不大，腳踏墊上放一顆高麗菜就滿了，所以自己採買只得多跑幾趟。

在太陽還沒升起的時候拉開小店鐵門是小孟的日常，把材料整理好以後，她開始醃製豬肉、煮茶跟味噌湯。小孟笑說自己動作慢，但是每件事情都有自己喜歡的製作步驟，耐心的慢慢做、也可以好好的完成。接著她會找空檔咬幾口麵包、自己沖一杯熱美式，讓身體也真正醒過來，準備好迎接新的一天。

提前把蔬菜準備好，顧客點餐時就可以簡單組合，也加快上餐的速度

小小一方的廚房是自己的遊樂場

小孟的店裡，廚房備料區是狹長的三角形，雖然窄小，但隨處可見的可愛壁貼、小掛旗等裝飾，讓這個角落充滿溫馨的氛圍。因為要做開店前的準備，小孟每天有約莫4個小時的時間，要獨自在廚房裡忙碌，外頭也杳無人煙，她形容是「跟孤單在一起」，所以當然要把空間布置得舒服一點，工作起來也比較開心。

時間到了6點半，小孟要正式做營業前的準備了。以前覺得很笨重、自己一個人推很有壓力的工作台餐車，經過一年風雨無阻的每天練習，現在小孟可以輕巧快速的把餐車推到正確的位子擺好，再利落的掃掃地、把客人的小桌椅排好。

忙碌的餐期開始，煎台上的煎鏟不停翻炒

即使是假日，7點一到，附近的常客開始出現，點了招牌的豬排炒麵外帶。接著，陸續有客人來點餐，到了

雖然廚房小小的，但小孟喜歡把工作的空間布置得溫馨可愛，工作起來也比較開心

8、9點，店外的4張兩人座小桌逐漸坐滿人，有人會悠哉的邊吃麵邊翻雜誌，也有家庭會固定一起來吃早餐。協助點餐收銀和送餐的工讀生會在8點左右報到，小孟則是親自坐鎮煎台工作，店裡正式進入最忙碌的「餐期」。

通常小孟會賣到下午1點左右收攤，或者把當天預計的量賣完就提早打烊了。因為收攤之後還要打掃店面、清點食材與收入、繼續準備隔天會用到食材等等，真正把所有事情都完成、可以放鬆的時候，可能已經是傍晚了。

每天一大早就得出門，小孟也早早就會休息，大概晚上10點多就要睡覺了，畢竟對早餐店老闆來說，有體力也才有毅力堅持著每天早起工作！

早餐吃炒麵這件事對一般人來說有點特別，連小孟的媽媽一開始都曾經質疑她是否真的能把這間店經營下去，不過事實證明，雖然每天睡不飽，但顧客能感受到小孟的用心，小孟也能獲得滿足生活需求的收入。「真心豬排炒麵」就是這樣，用「真心」、用力做好每一件重要的小事。

一份好吃的餐點，需要廚師仔細、用心準備

突襲職人包包

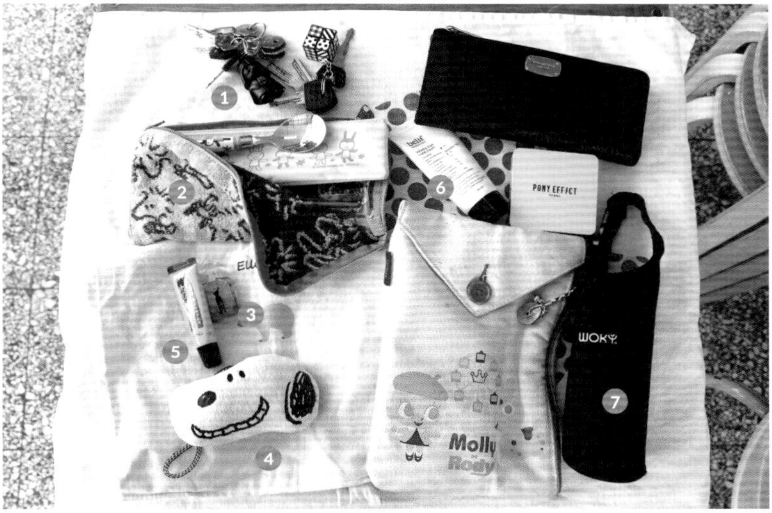

1 鑰匙｜店面、機車鑰匙
2 餐具｜支持環保，小孟也會自備餐具、環保杯、或對環境友善的稻穀筷
3 小香水｜不想讓身上有油煙味，小孟會隨身攜帶喜歡的小香水
4 史奴比環保袋 5 護唇膏 6 護手霜 7 環保杯套

一秒惹怒小吃攤老闆的一句話

炒麵賣 35 元不會太貴嗎？又沒加蛋。

因為目前能力有限，所以小店是半路邊攤的用餐型態，前有騎樓後有馬路。開店初期就有遇到嫌棄用餐環境和認為餐點價格偏貴、分量偏少的客人；誇張的是，還曾有人把小店想替流浪動物和環境保育盡力的心意扭曲，說出讓人不解的言論，聽了很惱怒又很受傷。對我而言，自覺開店也是背負著某種程度的社會責任，跟店的大小規模並無直接的關係，只是想好好為這片土地上發生的大小事盡點微薄的心力，如此而已！

運動場上揮汗，最耀眼的一顆星——運動員

職場學姐 黃偵玲

大家眼中的運動員……

為國爭光，名留青史

能參與國際級賽事的運動員是一份閃耀世界、為國爭光的偉大職業，良好的體能、傑出的表現讓一般人望塵莫及。雖然職業壽命短，但優渥的待遇卻能夠養活普通人一輩子，成名後的聲望足以被寫入歷史的一頁。

其實真正的運動員……

不停訓練、準備比賽，尋找其他增加收入的方式

簡單來說就是「無時無刻都在準備和訓練」！每個運動項目的大型比賽通常會在固定時間舉辦，但以格鬥選手為例，因為收到出賽通知的時間並不固定，時時刻刻做好準備就是他們的日常。

看準時間、出拳攻擊！綜合格鬥是節奏很快的運動，需抓準每個出拳、抱摔，或是進入地板戰鬥等等的時機，需要選手強大的專注力（圖片提供／寶悍運動平台）

此外，也有很多運動員平常會以教練或老師的身分授課賺錢，如果是有名的運動員，則有可能出席商業活動賺取代言費用。

我也想入行！

要成為一位職業運動員，除了與生俱來的身體條件，體能訓練及技術實力累積也不可或缺。不管是哪個領域，許多優秀的運動員都是從學生時期就投入專業團隊開始培養，有計畫的進行體能、技術、精神訓練，表現優異才有機會被職業隊伍看中，或獲選為國家代表選手。

不過即便沒有從小就開始接受專業訓練，只要能在比賽中嶄露頭角，還是有機會以運動選手為業。

運動員的收入概況

運動員的收入依照運動項目、實力、名氣有著極大的落差，而且收入來自各個面向，像是：簽約制收入、參賽獎金、活動代言等等。

例如籃球國手級的選手，年薪上看3百萬；但以綜合格鬥選手來說，比賽期每年出場次數只有2~3次，就算都獲獎，只靠獎金也很難生活，還必須自行支付各項訓練費，因此除非背後有家庭或是其他資源支持，否則單就綜合格鬥運動員的身分，大多需要兼任其他工作維持收入。

必備的專業

*基本體能、專業技術

*耐久、高壓的體力

*賽場上的堅持力、爆發力

*組織技術能力

*判斷力

*靈活思考及應變能力

*剛毅冷靜

職人都在忙什麼

格鬥賽場上，不論選手還是觀眾全都屏氣凝神，雙方伺機而動，打算攻其不備，給對方來個致命又漂亮的一擊，刺激的比賽讓人看得血脈賁張。不過在擂台上站著的，卻不是魁梧壯碩的巨人，而是一個靈活嬌小的身影。

如小猛獸般身手矯健的她，是台灣第一位職業女子綜合格鬥（Mixed Martial Art，簡稱 MMA）選手，也是少見的輕量級選手——Jenny Huang 黃偵玲。48 公斤的嬌小的身軀下隱藏著強大無比的能量，和勇於冒險、不畏挑戰的運動家精神，滿懷對綜合格鬥的熱愛，在賽事中力克各國強敵。但就如同星星一般，每個在賽場上閃耀的時刻，憑著的是經年累月的刻苦奮鬥，與每天不間斷的扎實訓練。

面對不知何時出現的比賽，訓練不可一日荒廢！

綜合格鬥出賽時間不定時，沒有固定的流程，比賽國家也都不固定。為了應對不知何時會出現的比賽通知，黃偵玲每天都有扎實的「訓練菜單」。例如早上 8 點起床梳洗，她會先到離家不遠的公園做半小時的肌力訓練，其中一項訓練稱為「戰繩訓練」。一般人是甩動麻繩，但黃偵玲是職業選手，需增加強度，改成比較重的鐵鍊，更難甩動。做肌力訓練時，會有訓練夥伴陪同，負責督促體能鍛鍊和陪練。

黃偵玲是台灣第一位職業女子格鬥選手，已代表國家獲獎無數（圖片提供／寶悍運動平台）

結束後，黃偵玲會返家準備早餐和午餐。做為運動選手，飲食方面自然也相當講究，必須攝取足夠的營養，才有能量完成訓練課程。她同時也要注意自己的體態，避免在參加比賽前大幅調整體重。

接著，黃偵玲會慢跑到授課的道館，把握每個時間鍛鍊自己。雖是職業選手，她同時也兼任教練，除了賺取收入，也推廣格鬥運動，教導學生體能訓練或一些基礎的格鬥動作等等。她的學生年齡層非常廣泛，從小孩到家庭主婦，甚至是外國人都有。

成對練技巧，「男選手都不把我當女生對待」

課程結束後又是訓練的時間。黃偵玲所練習的綜合格鬥，又稱為混合武術、無限制格鬥，任何一種武術都可以在擂台自由發揮，不受限制，因此訓練項目也很多樣。訓練會持續進行至晚上，包括體能訓練、重量訓練、格鬥訓練等。

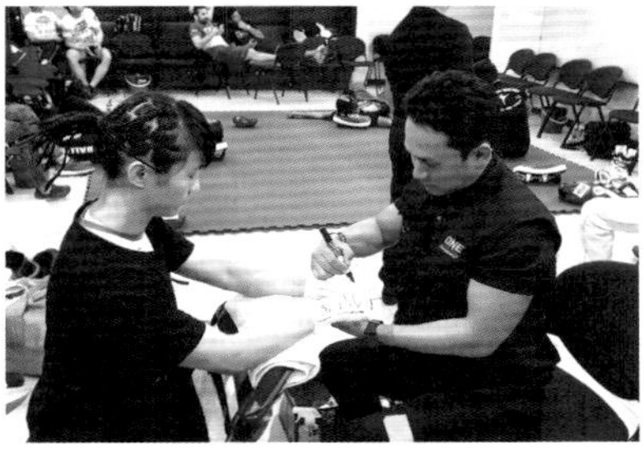

上｜身為運動員，每餐都需要控制飲食、仔細規畫菜單和攝取的營養 下｜賽前包紮拳頭。包紮後會再戴上比賽用的綜合格鬥露指手套（上、下圖片提供／寶悍運動平台）

因為台灣的女性職業選手實在太少，所以道館內的男選手就成為她最熟悉的陪練夥伴，與他們的對打經驗也變成她的比賽優勢：早已習慣男性的力道和速度，在正式比賽時面對女選手，壓力和疼痛感自然都減少許多。「道館內的男選手都不把我當女生對待，反倒更像哥兒們。」她笑著說，彼此間的信任和默契早已在互動中不言而喻。

在自主訓練課程結束過後，晚上黃偵玲會教授學生格鬥課程到10點。雖是教練，她平時與學生的感情很好，教導巴西柔術課程時就常和學生們打成一片。

結束一整天的課程以及自我訓練，黃偵玲會在道館內盥洗後，再從道館慢跑回家，12點以前就寢，養足精神繼續面對隔天的訓練。

大賽前的準備

身為職業綜合格鬥選手，全年365天，每天都是賽期，必須時時刻刻為比賽做好準備。以出賽前一個月來說，前兩週會照三餐進行不同項目的密集訓練，也會觀察對手的比賽影片擬定戰術，另外若需要控制重量，則會同時從飲食方面調整。第三週開始減少訓練，只進行單純的技術與體能訓練，避免因為運動而受傷。最後一週則會提前到達比賽地點並開始跑賽前的行程，包含媒體訪問、拍照、簽名、選手面對面、秤重、驗尿、健檢、確認比賽規則等等，到比賽最後一天才到會場等待，準備比賽。

黃偵玲滿懷對格鬥的熱情，辛勤努力的鍛鍊、用汗水在場上拚鬥著。雖然在台灣，女子格鬥這條路上充滿孤獨，但她靠著努力和毅力面對一切挑戰，日益強大的她將不斷向前、超越極限。

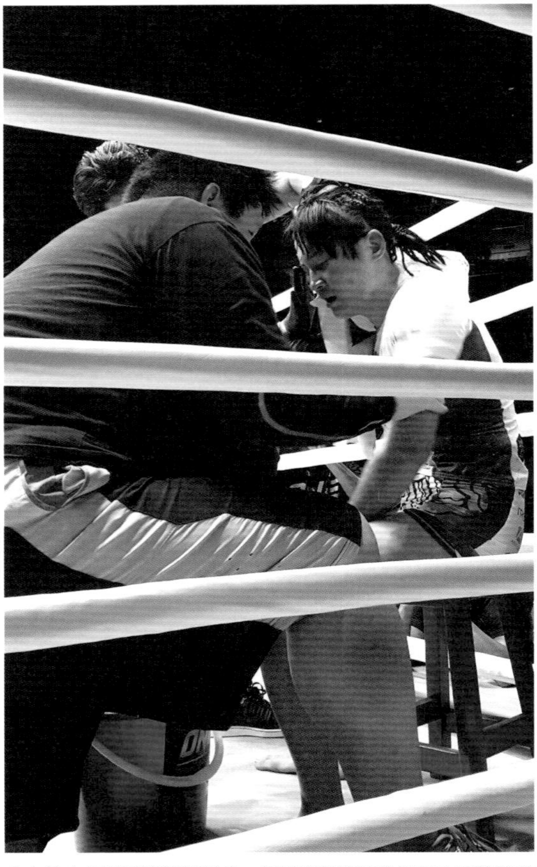

上｜綜合格鬥武術種類繁多，每天都有精實的訓練內容等著黃偵玲完成 下｜在賽場上的反應時間很短，中場休息時間教練也會來討論下半場的對策（上、下圖片提供╱寶悍運動平台）

突襲職人包包

1. 背包｜一個後背的大背包，可以把訓練會用到的手套、毛巾、衣物等裝備都放進去
2. 毛巾｜運動員必備，會帶不只一條
3. 護具｜護腳脛（踢的時候保護雙方）
4. 拳擊手套
5. 比賽用綜合格鬥露指手套｜訓練時用來適應與模擬比賽
6. 護膝
7. 綜合格鬥專用的露指手套
8. 替換的衣物｜訓練結束後，黃偵玲會在道館沖過澡再回家

一秒惹怒運動員的一句話

你打得贏 ×××（某位國外選手）嗎？

選手有分量級，無法與不同量級選手比較，雖然說技巧上或許可以切磋，但體型的差異還是會有很大的影響；而且在格鬥中應該以贏過自己為主、更進步一點，每個人都在努力不斷進步，跟別人比較的話永遠比不完。

引領流行，走在時尚的尖端——服裝設計師

職場學姐

潘怡良

大家眼中的服裝設計師……

手繪服裝作品，在發表會引領時尚

工作室裡有很多人體模型，桌上擺著多張設計草圖和散落的色鉛筆，地上堆滿一箱箱的布料，設計師絞盡腦汁在設計、製作新的服裝作品，發表時也得出現在秀場後台，為模特兒身上的服裝展示做搭配和確認。

其實真正的服裝設計師……

抓住參賽機會，與夥伴合作完成構想的服裝

設計師除了分析流行趨勢，設計出獨具風格的服裝，也得針對每季服裝商品企劃、款式設計選擇布料和裝飾配件。完成設計圖稿後也要與服裝打樣師充分溝通，才能順利完成樣品。

除了設計服裝外，有獨立品牌的設計師如何打出知名度，行銷是必須的，但如果有參展、參賽的機會，很多設計師也會盡量把握。

我也想入行！

即便是相關科系出身，想成為服裝設計師還是需要深

服裝秀開始前，潘怡良到後台確認模特兒們的妝髮和服裝狀況

厚的基礎，了解工法、布料特性，才能以合適的材料製作衣服。

一般可以從實習生、設計師助理開始做起。藉由接觸衣服樣式、縫製、打樣衣物等學起，有了對材料的了解和設計想法，除了在大公司內跟著設計師邊做邊學，累積足夠經驗，也可以嘗試自己設計作品參賽、參展。

發展的方向大約分成品牌企業的設計師，或是嘗試個人品牌。也有些設計師會轉成專業的打版師或造型師、電影或戲劇的服裝設計師等。

上｜服裝設計師一定要不斷看秀、參加秀，除了觀摩其他設計師的作品，也讓自己的品牌走向世界 下｜對服裝設計師來說，基本功很重要，越了解每種材料的特色在使用上就會更得心應手（上、下圖片提供／潘怡良）

服裝設計師的收入概況

從設計師助理開始，基本工資的2萬2千~2萬8千元都是常見的價碼；而成為服裝設計師以後的月薪資約從4萬元起跳到8萬元間，比較有知名度的設計師也可能月

必備的專業

* 對「美」的感受度
* 造型設計
* 想像力
* 色彩、布料掌控能力
* 打版、車縫能力
* 服裝流行發展風格與趨勢觀察
* 品牌行銷
* 挫折忍耐力、毅力

看秀時，也是忙碌的服裝設計師、攝影師、雜誌編輯等時尚業工作者們難得齊聚的時刻（圖片提供／潘怡良）

收入10幾萬。不過潘怡良也補充，因為中國對服裝設計師的需求量大，近年也開出高於台灣的薪資條件，吸引不少服裝設計師前往工作。

職人都在忙什麼

潘怡良是台灣第一位進駐台北101地面層的個人服飾品牌設計師，也在2014年拿下有「中國服裝設計界奧斯卡」之稱的金頂獎「年度十佳設計師」冠軍，目前更常與知名IP合作設計概念服飾。這次就邀請經驗豐富的她來介紹服裝設計師的工作狀況和發展。

服裝設計師的工作流程

服裝設計大概會分成春夏和秋冬兩季，設定好關於當季的主題和想法，例如要用什麼布料、顏色和材質等等，接著設計師才開始畫設計圖。而設計師完成圖稿後則會請打版師和打樣師製作成「樣衣」，接著請模特兒試穿，設計師再確認是否需要修改設計，最終確認後就算是完成一件設計。

因為工作流程上設計師很少直接製作，潘怡良認為一個好的設計師應該要能掌握各種材質的特性。像她大學就讀織品系及畢業後到服裝公司實習的經歷，都讓她從紗線等布料的材質認識就打下穩固的基礎，比起直接用現成布料的設計師，對布料特性的掌控程度更高。

潘怡良說，因應快時尚，通常每一兩個月就會推出一些新款服飾，一個品牌每季大概會推出兩三百款，甚至做到五百款服飾再來篩選，1年應該會畫到1千件以上的設計圖。另外也會搭配聖誕節、過年等節日推出一些特別的設計款式。為了做到這樣的數量，小公司可能是1位設計師搭配3～5個設計助手，大品牌下的設計師則可能多達20位以上。

除了會設計外，還要……？

服裝設計師可以簡單的分為被品牌聘僱的服裝設計師，或自立門戶自創品牌者。當然大部分的同學們從相關科系畢業後會先到服裝公司學習，但如果有成立自創品牌的目標，不能只會設計。

潘怡良當年也在日本的公司從管理倉庫開始，一路到手工縫製、設計師助理，這些看來繁瑣的實習內容，都為日後創立品牌打下深厚的基礎，讓她從服裝設計、定價到出貨、店面銷售等都能理解和掌握。

「如果一開始就做設計師，可能不會顧慮到衣服的成本、打版，底下人在幹麻你都要了解，要找到問題，跟他們互動才能好好合作。」這是成為成功設計師的重要關鍵，「因為你必須除了會設計，還要有扎實的基礎，從選布料到挑質地，再到成本控制，才能在業界生存。」

這次走秀的模特兒都還是學生，潘怡良也分享她的經驗，鼓勵對時尚產業有興趣的同學們

多看秀或參加秀，讓世界認識自己的作品

想成為厲害的服裝設計師，除了有厲害的手藝和創造力，也不能閉門造車；必須定期參加各地的展會，例如知名的國際時裝週、服裝大廠的秀等。除了觀摩其他設計師的作品，也讓自己的品牌走向世界。

潘怡良分享，一場時裝秀大概要準備50～60套服裝，大約15～17分鐘最剛好。服裝設計好後，再依照需求聘請合適的模特兒。如果是參加聯展的服裝秀則由主辦單位負責安排模特兒，但大多數模特兒體型差異不會太大，因此需要修改服裝的狀況並不多。

除了秀中展示的服裝，服裝設計師可能也要考慮搭配的彩妝，提前與彩妝師討論妝髮質感、搭配的道具。例如運動風格的服裝，可能需要搭配帽子、鞋子、球拍或球等讓走秀更有整體感的道具。

另外，一般人可能會覺得時裝秀展出的服裝設計風格太誇張，就算是明星也不見得會穿在身上。不過潘怡良則認為，設計師必須走在前面，同時回頭看看市場在哪裡。發揮自己對「美」的感受力，設計出美麗、有趣的作品；確定客戶對於某個特定元素或主題的喜好之後，也可以細部修改，讓衣服不僅好看、有品味，也實穿。

最後，潘怡良分享她認為一個服裝設計師需要的條件：天分、忍受挫折的耐性和對產業的了解。從事設計相關工作，對於「美」的敏銳度和天分還是相當必要的。想讓作品得到肯定的過程很漫長，而且看不到終點，所以忍受挫折和堅持下去的毅力也非常必要。

如果你會在意穿著的服裝搭配、常常冒出「如果衣服再怎樣一點就好了」的念頭，也許這就是你走向服裝設計師的起點。

除了服裝設計的工作，潘怡良也開始走入教學，希望用自己的經驗幫助更多想成為服裝設計師的新人

突襲職人包包

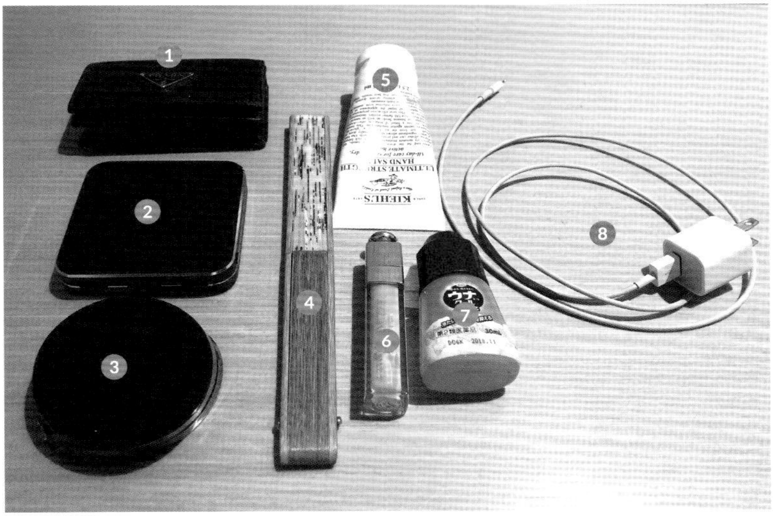

1. 皮夾
2. 行動電源
3. 粉餅
4. 扇子
5. 護手霜
6. 唇蜜
7. 防蚊液
8. 手機充電線

一秒惹怒服裝設計師的一句話

沒有特別的一句話，多數設計師可能很常因為客戶一直想改設計而被惹怒，不過剛入行的設計師比較會遇到這種狀況；合作久了、客戶大都會比較信任設計師的專業，這種狀況就會比較少。

烘焙美味糕點，傳遞幸福滋味——甜點師

大家眼中的甜點師……

穿著美麗的廚師服，製作出精緻可口的甜點

甜點師被稱為優雅的藝術家，穿著白色西點廚師服，佩掛領巾，在廚房內靈巧的動手製作出各式精緻美麗又好吃的甜點。

其實真正的甜點師……

除了製作甜點，更多的是經營面的管理

一位專業的甜點師除了製作甜點，統籌現場工作、品質掌控及製作流程管理，平常也會四處探訪、尋找合適的食材、研發新品項等等。如果自己有一間店，可能還會需要兼顧經營、庫存管理、行銷等工作。

職場學姐

Ruby

Ruby 堅持手做甜點，希望讓更多人感受到甜點的幸福滋味

用心製作每道甜點，是甜點師的基本（圖片提供／Ruby）

我也想入門！

製作甜點其實不難入門，市面上有許多教學書，網路上有許多教學影片，近年也有很多甜點教室提供實體課程。若想要更專精學習，學生時期可以選擇西點製作相關的科系，在台灣、日本及法國都有專門的甜點學校。

如果只是喜歡製作甜點，現在有許多人嘗試在家裡或租用場地，自行製作點心在網路上販售；或到特定的市集、租攤位擺攤，都可以作為開店前的測試。

但想開店，除了做甜點外，還有很多成本、人力、器材等經營方面的事項要考量，若沒有相關經驗，在經營上可能會遇到比較大的困難。

必備的專業

* 甜點製作
* 熟悉食物特性與營養知識
* 毛利計算
* 產品設計（包含包材、視覺、味覺）
* 季節性食材的掌握
* 訂單設計及出貨安排
* 客戶關係維繫
* 確保各種原料或包材的安全庫存
* 教育訓練（若有請員工）
* 成本控管

甜點師的收入概況

如果考量收支平衡，固定成本會影響收入的目標設定，固定成本中最大筆的花費是店租或工作室的房租，城鄉差距非常大；以Ruby所在的宜蘭為例，至少月營業額需達15萬才能收支平衡。而且在這樣的狀態下，沒有可活用的週轉金。此外還有人力成本、用電是屬於什麼類型等，這些浮動成本也都需要考量。

職人都在忙什麼

遠離了高價位甜點的城市中心，在離羅東火車站需要15分鐘車程的地方，放棄台北工作的甜點師Ruby，用一個小吧檯、一個蛋糕櫃打造出有著珍貴意義的小小甜點店。因為父親的麵包店，當年就是在這裡收起來的。現在，Ruby正延續家族對烘焙的熱情，在此展開甜點師的每一天。

一天營業6小時，準備時間卻超過6小時⋯

Ruby的三拾手作甜點每天中午12點開門，只營業短短6小時就打烊，但她卻沒有時間在床上呼呼大睡或是放鬆，甜點師的一天其實早早就開始。為了堅持品質，每天一早Ruby就必須開始製作店內的各種甜點，像是光滑透亮的檸檬塔、新鮮大甲芋頭製成的蒙布朗、繽紛誘人的超人氣鮮果千層薄餅蛋糕等等。

除了材料需要提前採買準備，像蒙布朗用的芋頭甚至必須在前一天晚上就開始熬煮，每天開店前也得一層層慢慢煎、小心疊好美味的千層蛋糕。主打手做、新鮮健康的甜點，更需要製作者花時間和苦功維持品質。

營業時間則是由一位員工和Ruby親自為客人準備點心和茶飲。Ruby也會一一為客人介紹每種甜點的特色：

每天 Ruby 都會去採買新鮮的食材作為甜點的材料（圖片提供／ Ruby）

例如考慮到對麩質過敏的顧客，所以特別改良成以台灣米穀粉製作的米千層；或是看主廚心情，不定期會出現的酒釀櫻桃波士頓派等等。其實Ruby的店裡沒有提供太多品項，因為專心做好甜點是她最重視的事。

就算如此，撇除日常產品的準備，研發新品項、搭配節日推出特製的產品，也都要占據Ruby的下班時間，更別說身兼經營者的她還得學會行銷、宣傳、控管成本了，就算每天營業時間不長，但真正算起工作時數，Ruby每天幾乎都會工作10～12小時。

有些甜點是可遇不可求的！想吃還要碰運氣！（圖片提供／Ruby）

做甜點是最喜歡，卻也最有壓力的事

Ruby說，檸檬塔是她最喜歡的甜點之一，不過檸檬塔酥脆的塔皮，卻也是壓垮當年還在學習的她的最後一根稻草。雖然是從小看爸媽揉麵團、做麵包的麵包店二代，但Ruby真正決定要開一間蛋糕店，是在接近30歲的時候，下定決心到日本的藍帶學院從零開始學習。像是蛋糕抹面、擀塔皮這些做甜點的基礎，對她而言卻一點都不簡單。她當年學習製作塔皮時，光是塔皮入模就裂開無數次，也曾讓她質疑自己是不是做錯了選擇，一度壓力大到內分泌失調，好幾次想放棄，都是咬牙撐下去。

而如今自己開店了，她也堅持不用能加快製作速度的半成品，而是從麵團開始、有溫度的手擀塔皮，當時的「絆腳石」，現在也成了盛放美味檸檬餡不可或缺的基底。

堅持手做，期待讓更多人嘗到甜點的幸福滋味

在自己生長的宜蘭開店，Ruby說其實滿有挑戰性

的：認識的親友會來關心，只賣甜點和咖啡真的活得下去嗎？也有客人希望店裡提供複合式的餐點。面對各式各樣的「建議」，Ruby 坦承，自己也相當容易動搖。不過就像爸爸說的，如果所有的產品都要自己做，哪有那麼多時間？既然有所堅持就得有所取捨，於是再聽到這些建議，她會微笑地記下，也許未來有機會再試試看。

「只要有一個人支持你，為了那個人繼續努力，就會有更多人支持你。」來自日劇裡的一句台詞，讓 Ruby 深受鼓舞；也許過程辛苦，如今三拾手作甜點的招牌依然亮著。承載著父親精神的這間店，Ruby 依然堅持以台灣食材、手作的甜點，讓更多客人嘗到幸福的滋味。

右｜製作塔皮曾經是 Ruby 學甜點時的惡夢，但現在則是承載美味甜點的基底 左｜每到中秋節，Ruby 和爸爸會一起製作蛋黃酥和月餅，讓老顧客也能嘗到熟悉的味道（右、左圖片提供／ Ruby）

突襲職人包包

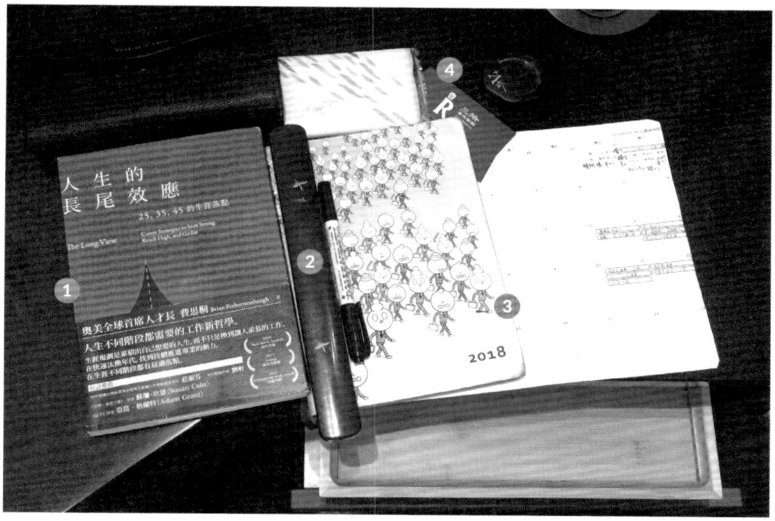

1. **書**｜店休那天，沒有朋友邀約、沒有訂單要趕，多出來的個人時間，喜歡找一間咖啡店，喝杯咖啡、看本書，這本書會是自己喜歡或覺得對自己有幫助的書，而不一定會是跟甜點相關的
2. **筷子**｜曾經有位顧客說「環保不是我的責任。」聽完讓人很難過。或許一個人的力量很薄弱，但一乘於多少人的努力，就是多少人的力量；而零乘於任何數字都是零。所以背包中都會帶著一雙筷子，減少竹筷的用量
3. **筆記本、行事曆**：自己開店後，訂單的安排就很重要，不像以前公司會有很多夥伴為你確認、充足的後台資源供你使用，所以行事曆就成為不可或缺的小幫手
4. **名片**｜最重要的！在一個環境自我介紹時，名片是客戶關係維護及曝光自我品牌最好的小幫手。經營自我品牌不像在大公司，人家看到公司 logo 就有印象，所以增加視覺記憶點很重要

一秒惹怒甜點師的一句話

你們甜點只有這些啊？

是的，我們只有一位主要製作者，蛋糕櫃裡有了米千層類、塔類、乳酪類、海綿蛋糕類；常溫偶爾有瑪德蓮、鹹派、蘋果派等等，真的已經盡我所能了！

只聞其聲不見其人的聲音魔法師——配音員

職場學姐

汪世瑋

大家眼中的配音員……

聲音具有魅力及辨識度

聲音很多變或很特殊，負責把原本是外文的各種卡通、戲劇、電影變成中文或台語，在錄音室裡一邊看著最新的影片，一邊用聲音演出角色的個性和情緒；比起名字，更容易被記得的可能是「某某角色的聲音」。

其實真正的配音員……

不只對白，也需負責其他聲音表現

用自己的語言再次賦予角色聲音和個性，讓觀眾在不看字幕的狀況下聽懂角色說的話，就是配音員的工作。動畫、遊戲、國外影劇等，凡是需要重新用中文或台語發音的作品，都需要配音員。除了角色說話、打鬥的喊聲、尖叫或喘息聲，有些時候連歌曲也都會由配音員配唱。

配音員是許多人從小的夢想職業，用多變的聲音將角色形塑得活靈活現，正是這份工作的樂趣所在

我也想入門！

想要當配音員，天分和機緣很重要。

一般的入門方式都是從配音訓練班開始，會先了解配音員最基本的工作環境和內容，打好自己的聲音基礎，接著也要拓展人脈！

除了在課程中認識業界配音員、在上課時努力表現、把握機會讓老師允許你「跟班」，也要多多模仿、練習。有機會獲得小角色開始慢慢嘗試以後，如果能力被肯定，就會有更多配音的機會。如果認識當領班的配音員，也有更多機會獲得角色。

配音員的收入概況

配音員的工作是自由業，有「班」才有收入。除了客戶指定外，大部分由領班（聲音導演）尋找合適的配音員，機會難由自己掌控。

成為配音員之前需要跟班，比較像是見習，沒有薪水；直到正式接到案子，收入通常依戲劇集數計費，費用多寡因人而異，就算是一線的配音員，依據配音淡旺季，月薪從1～10萬都有可能，非常不穩定。

職人都在忙什麼

許多看動畫長大的小孩或許都曾夢想過當個配音員，為自己喜歡的角色熱血發聲，不過配音員的工作到底有哪些呢？曾演出《神隱少女》的白龍、《精靈寶可夢》的小智的資深配音員汪世瑋，和我們分享她的經驗談！

必備的專業

- *發音咬字
- *觀察、模仿
- *耳朵、聽力要靈敏（要能聽出別人如何使用發聲位置）
- *聲音控制、語言戲感
- *文字潤稿與長度掌控
- *臨機應變

成為配音員之前──
跟班、練習，充滿不確定的準備期

配音員是一份很看先天條件的工作；光是報名配音訓練班時，就會針對聲音條件篩選；進入配音班後還必須找到願意帶你的老師，讓你在錄音工作時在旁邊「跟班」學習；一般配音員大多是跟班了1～2年以後，才開始有機會接到聲音演出的工作。由於這段時間也是對自己實力的磨練與投資，並不會有收入，因此也有很多人在這一關打退堂鼓。

配音員一開始也會先接受潤稿的訓練，因為影像中的角色的嘴型、語速、講話時長都和中文有出入，真正站到麥克風前之前，必須先學會將中文語句潤飾到能夠和影片完美融合才行。

就算一切都準備妥當了，新人時期因為對喉嚨使用不熟練，常常覺得自己的聲音在電視上很難聽；汪世瑋說自己是配音5、6年後，才敢大方介紹自己是一位「配音員」。

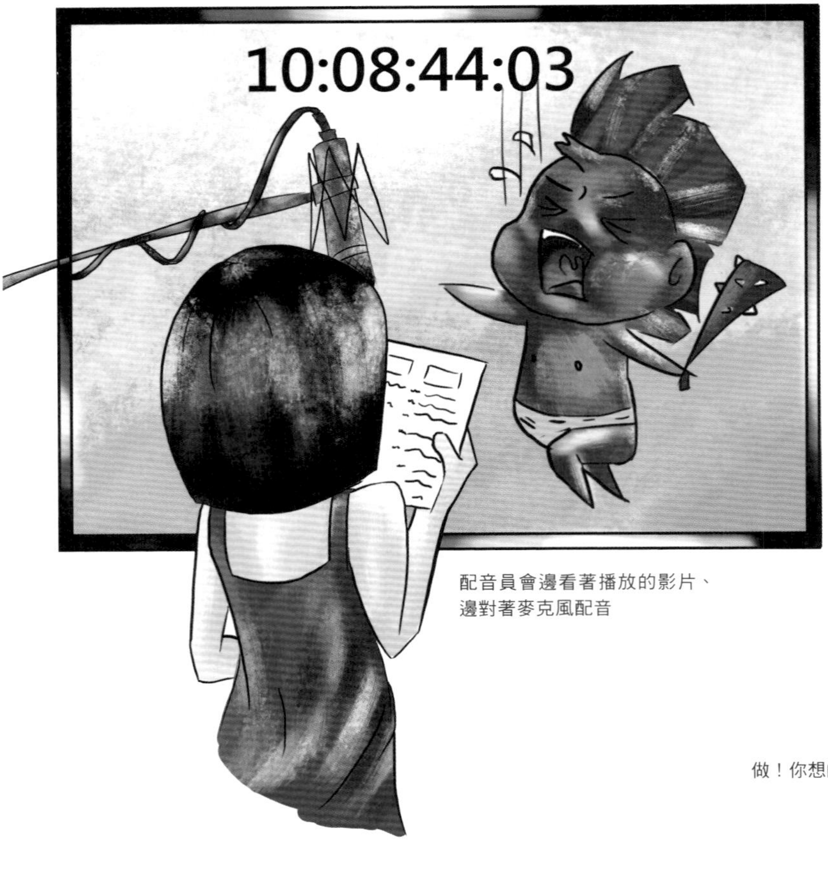

配音員會邊看著播放的影片、
邊對著麥克風配音

一週前才接到工作通知！沒有時間準備的工作

成為能夠獨當一面接案的配音員後也不能鬆懈，因為能接到多少案子，得看聲音導演們是否願意找你配合。這跟需要配音的角色設定及每位配音員的聲線有關係，例如需要聽起來「很有精神的年輕男聲」、「很美豔性感的女聲」等等。甚至，有些廠商會指定某個聲音，希望由特定配音員來配；但也有些廠商會認為「這個聲音好常出現」，所以不想找某位配音員。

配音員都在配音當下才拿到劇本，所以汪世瑋也曾在配鬼片時真的被嚇到而尖叫

如果有工作，大約在錄音前一週才會接到通知，工作時間大部分要配合錄音室和客戶。而且配音員通常是進錄音室的當下才會拿到劇本，知道自己要演出的角色和錄製的台詞。當場會有領班說明角色的個性和設定，配音員調整出合適的聲音表現方式後就直接上場，因此配音員的反應要夠快，這份工作並沒有時間讓人準備。

ON AIR！一人分飾多角是常態、哭鬧尖叫最累人

確認角色的聲音後就開始配音了。過程中，配音員會一邊看著播放的影片內容，一邊對著麥克風配音。一般來說，會照著劇情一段一段錄製，如果自己的角色一直都有說話，就會順著配下去。會遇到需要重錄的狀況大概是講錯詞、錯過畫面嘴型、情緒不到位，或錄音師發現某個字的咬字不夠清楚等問題。

配音員也很常需要一人分飾多角。汪世瑋說，像是《精靈寶可夢》的配音員，除了一人要負責2個以上的角色之外，還要分攤掉所有寶可夢的叫聲。例如打鬥場面中，自己配的A角色出招，B角色在旁邊加油吶喊，還要配寶可夢的叫聲，那配音員就會相當忙碌，一個段落可能需要錄

3～4遍以上，偶爾還會發生「自己跟自己對戰」的有趣狀況。

另外，像是錄到一些韓國的連續劇、八點檔，角色會又哭又鬧又甩巴掌，這種時候就很考驗配音員的體力了：例如各種不同程度的尖叫、吼叫、哭鬧，在哭泣中還要把台詞講得清楚，其實是非常花力氣和時間的事。而且為了把聲音的情緒作足，配音員臉部的表情也常常會跟著台詞情緒猙獰扭曲，隨著角色「瘋瘋癲癲」似乎也變成他們在錄音室裡的常態。

下班，最重要的回家作業是照顧好自己！

因為配音員的工作通常是未上映或上市的內容，需要保密，因此下班之後就不太會有跟工作相關的事情來打擾了。唯一要注意的是自己的工作行程安排、還有最重要的資本：自己的身體和聲音。

汪世瑋說，配音員的嗓子大多是天生的，也不太需要特別忌諱飲食或喝酒。但嗓子狀態不好當然也會影響工作，這時除了一定要補充大量水分以外，通常她也會靠著規律的作息和運動來加速恢復。

有些配音員會在下班後檢討自己的作品，或觀看其他的影視作品、演出揣摩演技，畢竟你猜不到下一個來找你演出的角色是什麼，若無法勝任，就只能把難得的演出機會拱手讓人了。

透過替不同的角色配音、嘗試人生中各種情緒和生活、投入角色，也讓汪世瑋對生活有不同的體悟，並可以從中學習和反省自己的人生；也難怪問到未來職業發展的時候，她沒考慮過換工作，因為這份工作，是如此迷人。

為了把聲音的情緒作足，配音時臉部的表情也會跟著角色的心境與台詞猙獰扭曲

突襲職人包包

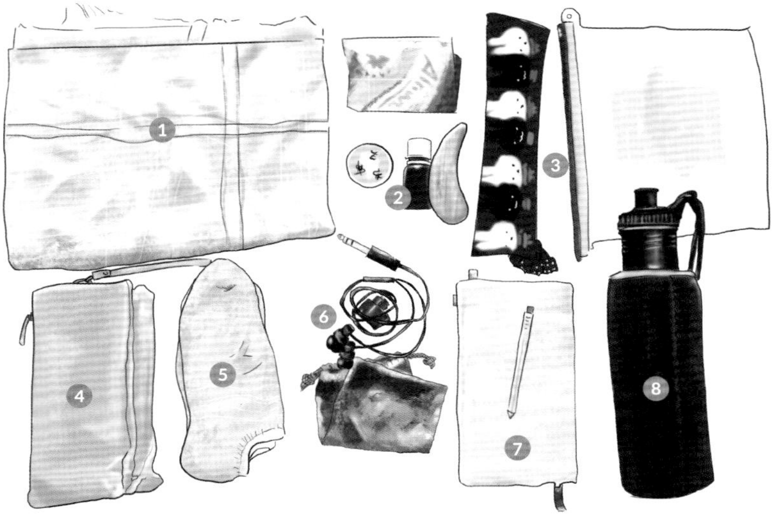

1 披肩｜錄音室通常很冷，折起來小小的披肩非常實用

2 刮痧板跟精油｜有時忽然頭痛、鼻塞之類的，可以馬上緩解

3 矽膠袋跟餐具｜三餐外食，可以減少一次性餐具的使用

4 非常飽滿的皮包｜裡面除了現金、各種卡、證件之外，還有家中鑰匙、車鑰匙，雖然很醜但什麼都不會忘記帶

5 襪子｜錄音室太冷，腳冷會影響聲音，所以一定會帶著襪子

6 單耳耳機和轉接頭｜錄音用的，耳塞式不易竄音，線夠長，可調音量

7 記事本｜記錄所有錄音行程，因為一天經常要跑好幾個錄音室，沒有記事本就像沒有腦子，非常重要

8 水壺｜配音員幾乎都會帶著水壺或保溫杯，隨時隨地補充水分，滋潤喉嚨

一秒惹怒配音員的一句話

你配過誰啊？表演一下啊。

剛有非配音圈的新朋友認識配音員時很常聽到的「要求」，但這其實不太禮貌，讓我感覺自己很像馬戲團的猴子。

為瞬間留下永恆印記——攝影師

職場學長

賀禎禎

大家眼中的攝影師……

工作自由，成名後收入可觀

「自由又夢幻的工作」，這大概一般人談起攝影師第一時間的想像。工作就是隨處走走看看，拍下很多漂亮、壯闊的美景；或是拍攝婚慶活動、大人物、寵物等各式各樣的題材。可以靠著興趣過生活，不用受到公司制度的綑綁與限制；一旦成名，接一個案子或賣出一張作品的酬勞，至少夠普通上班族生活好幾個月。

其實真正的攝影師……

工作忙碌，身兼攝影講師分身乏術

依照不同需求，分成商業攝影、婚紗／婚禮攝影、新聞攝影等等，不過對大部分攝影師來說，「勘景、拍照、挑片、修圖、見客戶」這幾項工作基本上就是他們每天的

攝影師總是無法出現在相片裡，但身在美景之中，賀禎禎當然也要抓緊機會為自己留念（圖片提供／賀禎禎）

日常生活：透過攝影器材記錄人、事、物、景，拍攝完成後進行影像或照片編輯。和客戶談案子也會花上很多時間。

除此之外，有些攝影師還會兼職教學部落客、教學講師，攝影工作之餘也要撰寫文章、準備教學內容，空閒時間進行設備的保養維護、經營粉絲團、吸收新知，一天24小時對於攝影師而言似乎不太夠用。

我也想入行！

一個專業攝影師的背後，必定經歷過很長一段磨練技術的過程。

想成為可自由接案的專業攝影師，就讀相關科系畢業或透過書籍、部落格等教學自學磨練技術，或兼差打工賺取經驗值、人脈都是可行的方式，不少攝影師也會利用參加國際級比賽，以世界級攝影師為目標，與別人切磋，累積經驗，也為自己打響名聲。

賀禎禎說，假如自己的作品夠吸睛，參賽算是一條最簡單、最快的入門方式，但這條路最難的方法就是持之以恆，真正職業的攝影師不可能因為一次比賽獲獎，就得到一生的光環，必須不斷努力、不斷獲獎；能夠持續10年以上，才稱得上是一個成功的專業攝影師，才有能力在這個圈子站穩腳步。

必備的專業

- **＊數位攝影技巧**（最基本）
- **＊熟悉影片拍攝流程**（最基本）
- **＊設備器材使用及維護**（最基本）
- **＊美感鑑賞**
- **＊還原真實、現場**
- **＊溝通技巧**
- **＊個人風格**
- **＊影像／影音剪輯、設計處理**
- **＊美術史背景知識**

上｜出國工作，當然要樂在其中！ 下｜拿起相機、抓好角度，這次的工作就是將這些景致凝結成一張張精采照片（上、下圖片提供／賀禎禎）

攝影師的收入概況

以接案的攝影師為例，如果是接婚禮案件，一場拍攝收費約2萬，實際收入大約8千至1萬（扣除成本、稅額）。不過作為婚攝，工作依新人結婚期有淡旺季之分，因此他們也會額外接工商活動，一個月大約需要接6～8場大場活動，收入達到6萬左右，才能平衡日常生活。因為攝影師常常需要進修、器材更新或維護等，需要為自己另外儲備一筆風險基金。

收費流程則依不同合作對象有所差異：婚攝會先拿訂金，拍攝後再付尾款；如果是業界有名的攝影師，大多會在事前就先一次付清；至於其他領域的攝影師，很多是事後收款。

職人都在忙什麼

賀禎禎，國內知名攝影師兼攝影教學與旅遊部落客，入行8年多，累積豐富攝影、教學經驗，目前也在嘗試轉型的他，每天的生活都精采充實！

流暢的工作流程來自經驗累積

賀禎禎近幾年將重心放在攝影教學及旅遊攝影的部落格經營，但還是有不少攝影案子會找上門，通常在收到提案後，就會開始準備工作，例如先與聯絡窗口初步洽談，協調案子的時間、拍攝時長、拍攝方式等等，了解整個拍攝內容。拍攝前一天，他會花些時間準備器材，進行器材的保養和維護，確保機器在隔天能順利運作。

到了拍攝當天，他通常會提早出門，盡可能先見到各方的窗口，與對方討論攝影的進行方式與流程。但一開始他不會問得太詳細，而是在拍攝進行時，再準確問對方：

「想要什麼畫面？」，就能依照實際狀況在腦海裡更完整的構圖。

拍攝也會根據不同類型，而有許多需要注意的地方，賀禎禎說：「如果是拍攝重要活動場合，像是發表會、股東會、頒獎典禮等等，活動前一定會先與主辦方確認有沒有主持人或特別來賓，並核對流程，確認不會遺漏任何重要人員的拍攝。」接著他會在腦中預想整個活動的進行畫面，模擬走位，不過要能夠預知接下來會發生的狀況，完全是靠功力的累積。

事不過三，遇到突發狀況也能臨危不亂

賀禎禎說，過去個人功底還不夠的時候，時常因為攝影出包感到挫折，由於經驗不足，常常拍了一整晚也沒拍到自己想要的畫面。幾次吃虧也讓他了解萬全準備的重要性，因此到現在，拍攝前他總是會再三確認狀況。「不論是從事哪一種領域的攝影師，第一次吃虧，第二次出包，第三次……事不過三，熟悉攝影後就能了解基本的準備工作，對拍攝現場有基本的概念。」他有感而發的說道。

進入真正的拍攝後，也有許多要注意的地方，像是人物的角度要求、拿捏，需要隨時調整，遇到突發狀況也要隨機應變，盡可能達到客戶的要求。像是某次他去拍攝咖啡訓練師，對方向他要求要拍攝封面大景，於是在拍攝時，他就依照構想畫面，對咖啡廳進行擺設的調整、清場、客人的座位協調，接著再進行拍攝，清楚了解對方的需求，確保自己不會作白工。

拍完繼續修圖大工程

拍攝完成後，賀禎禎回到家，開始處理一項重要的任務——快速篩選照片。因為有些客戶可能隔天就需要使用

工作能夠看遍世界美景是攝影師這份工作令人嚮往的原因之一（圖片提供／賀禎禎）

照片，所以他一向會先詢問對方，給出幾張優先選用的照片，這是多年經驗累積下來的習慣。

接著，賀禎禎便開始著手所有照片的修圖，交件後案子基本上就算是告一段落，不過他說：「如果能這樣順利結束，真的就謝天謝地了！」因為拍攝後續時常遇到和客戶意見不同的問題，像是照片的明亮度，或是顏色的呈現，如何面對客戶其他要求，都得花上不少時間協調、修正。

面對不同的案件，他的工作進度不太相同，一般攝影案件，依照活動性質和客戶要求的期限來進行，有可能當下要給照片，或是1~2週後才完成交件，結合事前準備的時程，案子流程大約落在3天~2週左右。婚禮攝影案件花費時程較長，畢竟是客戶的人生大事，從洽談後大約需要3個月時間才能完成。

難得出遠門，一定要從各種角度體會美麗風景（圖片提供／賀禎禎）

結束了一天的攝影工作和其他案件執行，時間早已接近深夜，但身兼攝影教學和攝影部落客的他，卻把平常人早該上床的睡覺時間，用來準備教學內容、寫文章，或是和讀者互動，他說自己最喜歡在夜深人靜的進行這些思考性工作，因為腦子最清晰，沉靜的氛圍也讓自己更能享受於一個人的獨處時光。

即便到了半夜，賀禎禎家的燈仍然亮著，雖然如此，但他依然維持每天早上7點半起床的正常作息，因為他一直告訴自己要做好該做的每件事。「所謂的運氣，是機會碰到你的實力」，多年下來，雖然可能錯失了不少休閒時間，偶爾會感到倦怠，但因為自己一直投入跨領域的事物，在工作中嘗試轉型，讓他的攝影工作一直帶來新鮮感，同時他也不斷提醒自己：「忍耐才能堅持做好該做的事情」。憑著對攝影的愛、忍耐和熱情，他盡可能讓每一天都達到最大的效度，在攝影的道路上不斷進步。

突襲職人包包

❶ ❷ 相機｜吃飯的傢伙，賀禎禎出門工作一定會帶 2 台單眼

❸ GoPro｜配合遊記、Vlog 型的影音內容，賀禎禎最近也開始使用 GoPro

❹ 麥克風｜指向性麥克風，單一方向的收音效果好，拍攝影片時使用

❺ 毛毛防風罩｜在外拍影片最怕收音有風聲干擾，加上防風罩可以有效過濾風聲

❻ 領夾式麥克風｜如果需要另外錄下受訪者講的話，會讓他們用領夾式麥克風

❼ 相機背帶｜工作時間長，一條好的相機背帶可以減輕攝影師的肩頸負擔，並好好保護相機安全

❽ 外接螢幕｜把拍到的畫面放大顯示，方便確認畫面的細節

一秒惹怒攝影師的一句話

現場是怎樣就拍怎樣。

拍攝現場完成一件工作，攝影師個人的主觀專業判斷也許不是最重要，客戶的想法與溝通反而變成工作重點。當客戶主觀的意見很強，在溝通上就會比較辛苦。有時客戶會說「現場是怎樣就拍怎樣」，到底是要把現場的「氛圍」如實的還原？還是以正確的色彩呈現？又或者照著流行的風格趨勢編修一套照片給客人？不同的客人會有不同的答案，溝通反而是完成一件工作中最辛苦卻也最重要的事。

藝人的全方位保姆——經紀人

大家眼中的經紀人……

觀察大眾的評價，維持藝人的良好形象

大明星光采亮麗的走上紅毯，對著鎂光燈搔首弄姿、露出標準八齒笑容，在光鮮亮麗之外，總會有經紀人拿著一支手機，不時盯著舞台上的藝人，不時與外界聯繫，又不時注意觀察周遭對藝人的評價。

其實真正的經紀人……

全心全力處理藝人的大小公私事

一位稱職的經紀人大多會回答：「我就像藝人的保姆一樣，什麼都做！」，若按照手頭上藝人的大小牌，經紀人要做的事情可能有——安排藝人工作、洽談合作、爭取代言、洽談戲劇表演或通告、帶藝人上表演課、協助藝人精進鏡頭前形象、處理藝人三餐、幫忙叫車、幫藝人準備

怎麼樣的工作適合、工作內容會有什麼狀況與風險，都由經紀人如同保姆般為藝人打點

職場學姐

小凱

生活用品、幫忙處理藝人家的水電瓦斯、幫忙帶狗等等。

若藝人越大牌，手下的工作人員就會按執行經紀、企劃、執行企劃、宣傳、平面宣傳、電視宣傳、網路宣傳等角色職等分配工作；若藝人還在發展中，這些工作可能得由一位經紀人一手包辦。

我也想入行！

進入演藝圈的門檻其實不高，但這扇門卻很窄。

幕後工作人員的學經歷多是五花八門，從常見的傳播科系到八竿子打不著的特教系、人類學系、會計財經系，甚至沒有特別高的學歷也罷，因為入門最重要靠的是人脈，入門後靠的也都是人脈。多數新人都是圈內人口耳相傳介紹進來的，為的是提防對方可能是粉絲，可能不具備演藝幕後工作人員要有的特質：守密、樂觀、刻苦耐勞。身為經紀人，最重要的是要有願意付出自己的時間、精神來成就藝人發光發亮的正向心態。

經紀人的收入概況

經紀人的收入方式沒有一定的年資比例，全靠「談」出來。

一般新鮮人若有興趣、有門路進入這行，多從助理當起，薪資約2萬2千~2萬8千元不等，若做到主管階級的經紀人，月薪約5萬~6萬元不等。

但上述提到「談」，顧名思義收入方式有很多種；領月薪的經紀人大多不抽成，以季業績來確認有無達標；接

必備的專業

＊優秀的溝通能力

＊談判能力

＊美食達人（加分！）

＊會開車（加分！）

＊剪輯影片、修圖（加分！）

案經紀人則分老鳥、菜鳥，資深經紀人或許可談到七三或八二分，資歷較淺的經紀人大約五五分或六四分。此外，還有些經紀人的收入方式除了基本費，會先跟藝人討論一個案子可接受的收入，最終談到的價格扣掉給藝人的費用就都是自己的，收入模式相當多元。

職人都在忙什麼

經紀人小凱非本科系，但對娛樂產業相當有興趣，因此在大學畢業後先投入電視圈擔任節目企劃執行，當時主要負責敲藝人上節目，後續輾轉被介紹入行擔任經紀執行，前後資歷約7年。經紀人的工作內容每天都大不相同，因此這次以完成一個案子的流程來分享經紀人的工作。

藝人是人也是商品，要在市場中找到一條出路，觀察力很重要！

經紀人最大的工作價值在於幫藝人爭取到合適、效益高的工作機會，以及幫藝人篩選恰當的工作項目，所以前期分成主動推案跟廠商邀約。主動推案需要說服客戶投資藝人，經紀人必須提出對雙方都有利的合作條件，而廠商

經紀人幾乎是最了解藝人的人，舉凡工作上的妝髮造型、收入、工作洽談到生活中芝麻小事都得包辦

邀約的部分則要幫藝人過濾不適合的工作項目。

因此，經紀人要相當了解手上藝人的屬性，適合什麼樣的工作內容，或者是藝人對於工作的尺度界線在什麼地方（非穿著尺度，而是藝人可接受的合作內容）。例如有些藝人很排斥喝酒的場合，但喝酒場合的邀約是最頻繁的，此時了解該場合的屬性是春酒、合作廠商大會，還是品牌造勢活動？這都會大大影響藝人出現在該場合可能會遇到的狀況。

敏銳的觀察力和判斷力是經紀人的必備技能，在粉絲要求合照簽名時，要能衡量時機，時時注意狀況

打造藝人由內到外的一百分元素

下一步，就要進行藝人的「門面」打理。如果是大型專案，部分規模較大的公司在這個階段可能會有企劃部、活動部進入討論，視內容而定，小凱可能要為藝人安排練舞、練唱、肢體課等，同時也要敲定適合的髮型師、化妝師，更要找造型師來設計出席活動的穿搭。這當中會有許多部門的同事進入支援，經紀人在此時需要扮演統籌、協調的工作，也要陪伴藝人進行各階段的訓練、嘗試。

出席活動，全副武裝；軟硬兼施，面對來自四面八方的牛鬼蛇神

活動或邀約來臨前夕，需要確認藝人出席的時間流程，以及當天出席可能會遇到的種種狀況。例如現場有沒有休息空間？有沒有廁所？特殊空間的安全問題？是否可以彩排？是否會有粉絲？若還有其他藝人也會到場，對方大致安排是什麼？

許多雞毛蒜皮的小細節都需要設想。活動當天除了帶藝人妝髮外，現場就是扮演保姆的角色，需要好好照顧藝人，同時也要對現場狀況相當了解。

小凱舉例，以拍照來說，在錯的地點、時間讓藝人跟粉絲拍照，可能會引起更多粉絲要求合照，這時候甚至有人會提出要簽名、簽在臉上、簽在包包上等各種擋不住的窘境，因此，經紀人在現場需要有非常靈敏的觀察力和判斷力。

此外，有些活動現場會有媒體出席，這時可能會有宣傳部門介入協助，負責協調現場媒體及採訪流程，因此經紀人除了長時間和藝人相處外，也需要跟其他同事保持一定的相處默契。

需要檢討的、改進的、繼續合作的，不論藝人或廠商，又是一道溝通的藝術

同樣視活動內容，部分工作會有成品出現，經紀人必須進行把關。例如有些活動會有肖像照拍攝，就需要幫藝人把關照片品質；有些後續會有影像留存，此時也需要過濾不合適的畫面。

經紀人在事後也需要檢視廠商的內容屬性是否合適，下次安排工作的時候納入考量；或是檢視藝人當天表現，事後也需要跟藝人溝通改善、調整的方式。若雙方互動良好，經紀人則需要繼續和廠商保持友好關係，也對提升藝人的價值和形象有所幫助。

經紀人的工作時間相當長，視狀況跟條件，有些經紀人手頭下可能有多達10組的藝人。除了籌備期、工作期之外，因為經紀人跟藝人的關係相當密切，常需要處理許多藝人私生活的事項，所以經紀人幾乎沒有休假空檔；就算有假期，也需要遠端處理（或是忍不住處理）藝人的事情。但小凱認為，把藝人當作自己的家人，感同身受的處理、幫助他們的工作及生活，其實是很有樂趣的事。

一旦遇到敏感的採訪問題或是不適當的拍照要求，經紀人就得主動用高 EQ 為藝人化解危機

突襲職人包包

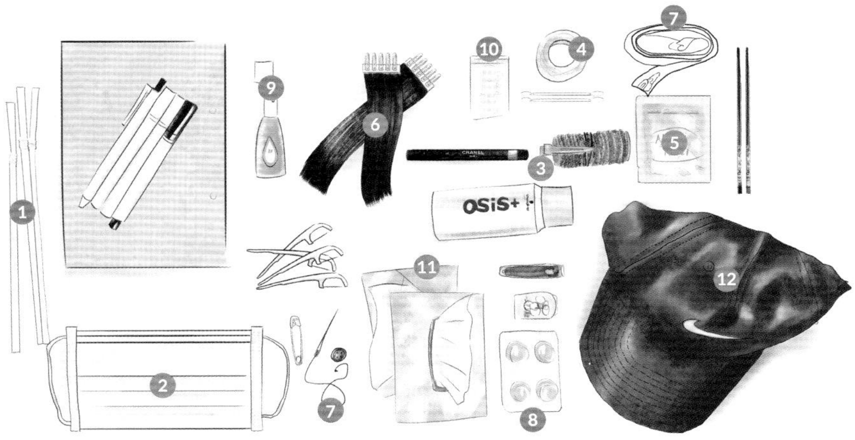

1. 吸管｜方便女藝人有塗口紅的時候喝水，避免掉妝
2. 口罩｜必備，除了避免藝人被歌迷或媒體拍到醜照，也怕表情失控被看到
3. 髮膠、口紅、髮捲｜藝人補妝必備
4. 膚色膠帶｜藝人上通告穿的衣服不適合夾麥克風，就會需要綁帶跟膚色膠帶協助
5. 酒精棉片｜必備，藝人上通告或是歌手唱歌，會先用酒精棉片幫忙消毒麥克風
6. 髮片｜方便藝人某些髮型的造型使用，其實滿多藝人都會用到
7. 針線盒、拉鍊｜如果藝人的服裝臨時有小狀況還可以現場補救
8. 胃藥、感冒藥｜隨身一定要備著，如果藝人突然身體不舒服可以頂一下
9. 去汙清潔劑｜方便衣服如果沾到口紅或汙漬可以先簡單處理
10. OK 蹦、棉花棒｜簡單的醫療用品
11. 牙線、衛生紙、紙巾、指甲剪｜為了隨時整理儀容，小道具們一定要帶著
12. 鴨舌帽｜需要稍微喬裝一下的時候可以用

一秒惹怒經紀人的一句話

你的藝人今天穿這樣不好看
你的藝人演技好差
你的藝人唱這首歌好難聽
你的藝人是不是身材走樣了？

雖然許多人會以正面的心態給經紀人一些建議，但經紀人聽到別人批評自己的藝人時，總會極力護主，就像把孩子帶大的父母，一定也不喜歡外人對孩子指指點點吧！

嗅出市場商機，挑戰自我創業——新創公司老闆

職場學長

吳有順

大家眼中的新創公司老闆……

工作環境自由度高、彈性大，老闆和員工似戰友

「新創公司」在人們的眼裡，和一般企業的制式化形象大不相同。由年輕人主導的工作環境，充滿活力、熱情、創意、挑戰，工作自由快樂、還有很多額外活動，工作像在玩樂。新創公司老闆更願意提供自在的工作空間、開放式的管理，對待員工像是並肩作戰的戰友，透過各種創意激盪，研發出新產品，創造和諧、扁平的工作文化與氛圍。

其實真正的新創公司老闆……

掌握公司大小事宜，幾乎沒有工作與生活的分界

一個創辦人必須要帶領團隊達到目標、完成每日工

創業也需要機運，吳有順選擇先在業界累積經驗，時機成熟才正式創業

高效溝通是新創公司最大的優勢，可以根據市場變化，快速調整產品或策略

作、訓練不只一個新員工、同時包辦各種數不清的大小雜事，最重要的是每天會面對各種會議、客戶洽談，偶爾也需要出差。另外，身為老闆並沒有清楚的工作與生活分界，上班時間不固定，思考公司策略方向與執行計畫，也是無時無刻在腦內進行的工作。

必備的專業

- *產業相關經驗或資源
- *膽識與無敵抗壓性
- *快速的檢討與學習速度
- *企業經營管理的基本知識或興趣
- *產品的商業嗅覺與創意
- *高效執行力
- *心理建設

吳有順辦公室的牆上，寫著大大的 OVO 願景，天天督促自己與公司進步

我也想入行！

做過評估、確定創業目標後，首先需要找到夥伴、技術或供應商等支援，準備好基本的運作基金。接著研發產品或服務的同時，也要找出最合適的推廣方式進行曝光，並時時確認自己的創業目標、產品方向是否偏離，或需要調整。

此外也可以報名參加孵化器、加速器等創業輔導計畫，藉由專業人士和前輩的建議和幫助，讓公司更快步上軌道，找到自己的生存之道。

新創公司老闆的收入概況

不論任何類型創業，初期都需要投入資源和成本。以OVO來說，網路電視平台的研發與經營需要較長的回收期，他們的做法是：合夥人年薪比照業界行情打4～7折不等，同時做好「需要苦好幾年」的準備，初期幾年別說賺錢，能生存已經算好，無法堅持下去都是很有可能的。

硬體產品約1年開始有收入，但需要幾年時間才有可能打平，所以啟動資金需要比較大。若無業界經驗或資源，硬體產品的創業挑戰難度非常大。

職人都在忙什麼

「新創」代表人們對嶄新事物的期待，但如果實際開一間新創公司，要面對那些事情呢？

展雋創意（OVO）的創辦人吳有順先在相關產業累積經驗並觀察市場脈動，才在10年後開了自己的新創公司，並把產品送到大眾面前。目前他的產品已是台灣最大的網路電視平台。而作為新創公司老闆，吳有順如何度過他的一天？

對市場的敏銳觀察與知識累積

想要投入新創產業，需要對市場的敏銳觀察，透過閱讀、行路、人脈來累積豐富知識與背景。每天起床第一件事，吳有順會瀏覽海內外產業要聞，掌握產業動向及最新趨勢，作為公司研發策略及產品革新的靈感來源，同時累積自身的知識內涵。對老闆來說，「確保公司走在正確的方向」是一早最首要的任務。

大部分的行程：洽談合作夥伴、與工作團隊開會

上午是他構思策略或洽談客戶與合作夥伴的時間，畢竟要將自己公司研發的產品繼續提升並推廣出去，絕不可能只是空想或是閉門造車。例如需要廣泛研究市場需求、找到合適的合作夥伴進行串接或推廣、繼續進行研發讓產品更好用等等，都需要與內容、技術、推廣等各式合作夥伴共同洽談。

下午除了合作夥伴會議之外，吳有順還會招開各專案或各部門的內部會議，以了解業務情況、研發進度、客服

上｜吳有順說自己的工作就是：天天看電視，要喜歡自己的產品，以及為接下來的進步感到興奮 下｜無論是產業交流、創業分享、企業參訪，都有找到合作對象的可能性（圖片提供／OVO）

回饋，以及與合作夥伴的進展等等，除了提供相關意見協助團隊把事情做好之外，更重要的是「時時確認資源安排已是最佳配置」。畢竟新創公司資源有限，必須把各種資源投入在最符合公司現階段發展方針的任務上。

待同事們下班，吳有順才開始忙創業 CEO 最重要的工作之一：找錢，其實本質上就是構思與準備營運計畫書。這不一定是找資金時才需要，而是建立起「經常檢視策略方向與執行計畫」的習慣。

身為一家新創公司的老闆，所有事情都得參一腳，工作和生活常常無法分割，腦子無時無刻都在為了自己的公司運轉，即便每天晚上回到家，他仍然會查看、分析產品的市場表現，規畫公司未來的策略方向與執行計畫。雖然已經是台灣累積用戶數最多的電視盒品牌，但以「讓所有電視都上網」為目標的他，也持續朝提供更好的產品和服務不斷努力。

知道創業很辛苦，更不吝分享經驗

除了公司的營運外，吳有順也會參與國內外展會、創業社群活動，或是與相關企業交流。也因為自己深知創業的辛苦，他不吝於與他人分享相關經驗。

例如，創業最缺的資金，他初期是找親朋好友募集啟動資金，也將失敗的風險交代得很清楚，基本上就是找比較願意個人資助、比較沒那麼介意失敗的人選。做出樣品或初版後，他選擇登上群眾募資平台以及參加創新創業社群，如創業小聚，獲得初步的媒體推廣與業界交流的機會。

產品量產或上線後，可以參加創業育成加速計畫，例如 StarFab 台灣雲谷雲豹育成計畫等，可以協助發展營運模式、將開發團隊提升為創業團隊，以及助力洽談通路、技術甚至資金等資源，其中包含拜訪天使投資人或創投、調整營運方向、找到市場與產品的契合點等必要過程。

若順利的話，接下來會進入成長期，通常會在營收或用戶數方面有突破性的進展。這時可以報名參加 AAMA 台北搖籃計畫，定位是協助成長期創業家的學習平台，可以協助構思擴張策略、將創業團隊進一步提升為經營團隊、以及串接合適的人脈與資源等等。

一路上不變的是，必須持續發展事業以及調整配套的營運計畫，過程中可能放棄、轉型，或募得資金迎接下一個挑戰。

突襲職人包包

1. **雙肩後背包**｜常常要到處開會，習慣背一個大包包裝進所有東西，方便移動、隨處都能辦公
2. **筆記本**｜隨時寫下靈感，或開會時記下相關事項
3. **錢包**
4. **藍芽無線耳機**｜習慣邊聽音樂邊思考，無線比較方便
5. **雨傘**
6. **智慧型手機**｜不方便開電腦的時候會用手機處理各種大小事項

一秒惹怒新創公司老闆的一句話

你們應該換個題目。

在尋求資金的過程中，若遇到才剛認識、談沒多久，自以為很懂，會隨意講出上面這句話的潛在投資人，大概就不會有結果了。但若是「根據你說的……，以及你們的……表現，建議你們可以思考看看，朝……方向來調整，是否是個可行的做法。」這樣表達的潛在投資人，通常會很有幫助，當然就值得力邀成為股東了。但無論如何要記住：只有你賭上一切，其他人都是出自善意的提醒或建議，最終都要自己擔負全部責任。

投資熱門住宿地點，旅行途中的好幫手——民宿老闆

職場學長

小K

大家眼中的民宿老闆……

房客的幫手，在旅程中提供協助

熱心的民宿老闆會在接待櫃檯等待房客的到來，除了介紹屋內設施外，還會推薦附近的觀光景點、餐廳美食，甚至還會推薦到哪租借汽機車，給予房客最適合的建議。而當房客有任何疑難雜症時，民宿老闆也會盡可能在第一時間給予協助，可謂旅行過程當中的「小天使」。

其實真正的民宿老闆……

從投資房產到維護環境，統統一手包辦

民宿老闆的主要工作有幾個：民宿的前置期，先觀察哪裡有值得投資的標的（也就是房子）、辦理相關登記、設計房屋風格、添購合適的家具。開始營業後，則要想辦法行銷、回應相關問題，有些老闆還會提供行程上的建議，

選定民宿要在哪裡經營，是當民宿老闆重要的第一步，小K通常會找交通方便、周邊熱鬧的黃金地區

與各種突發狀況的解決辦法。房客退房後，要打掃房間維持整潔，並修繕房屋遭到破壞的地方。若有房客給予回饋，則可以記下並在日後改善。

雖然上述涵蓋的內容無所不包，但整段民宿管理過程中，其實可以由一個團隊進行管理，而民宿老闆最主要功用，就是確保民宿的品質，與提升品牌價值。

我也想入行！

除了要具有挑選房屋的眼光，最麻煩也最需要資金的就是買房。除了先準備足夠的頭期款，並向銀行貸款買下房源，還要預留一筆資金做裝潢，以及水電瓦斯佈線等等。

所以想踏入這一行，穩定的高薪收入是必要的；此外，讓銀行相信自己有一定的償債能力後，能夠借貸更高額的金額，自備款可先以房價的一半當作基準。

民宿老闆的收入概況

這個行業的所得會因為房源數目、裝潢等級、交通便利性、知名度、淡旺季、房源所在國家，而影響每月收入。若在日本以2間獨立套房進行民宿出租，每個月平均收入為10萬，旺季可以到15萬。若是採取年租，則2間每月大約為3萬2千5百元收入。

職人都在忙什麼

今年30歲的小K作為民宿老闆的時間約2年，家人一邊在台灣和日本兩地鎖定合適的房地產，小K則負責以民宿方式管理房屋出租的行銷及營運。在挑選房子時需要長時間觀察，而經營民宿則是每天都有需要處理的事項，因此我們請小K分別就「鎖定合適房源與布置」和「經營房屋出租」兩個部分分享他的工作內容。

必備的專業

- **房屋挑選眼光**
- **裝潢設計美感**
- **數位行銷知識**
- **危機應變處理能力**

民宿地點挑選，決定50% 獲利關鍵

當存夠一筆房屋頭期款的錢、選定房子的地點，將影響著未來的滿房率（每天／每間房間都有人租），是非常重要的第一步。小K挑房子首重交通方便的地點，最好是走路5分鐘內有捷運或是地鐵，且地點盡量是首都，或是觀光勝地。因為旅客出國遊玩時，首都和熱門景點都是首選；另一點是首都名字也最廣為人知，也因此在搜尋住宿時，旅客也會先以首都查詢。例如小K在日本經營的民宿，就在東京日暮里的區域，從民宿走到車站不用2分鐘，而到東京只要10分鐘，這間房子就是以交通便利性作為投資的考量。

在日本尋找投資標的時，其實不會日文也不用擔心，當地有許多台灣與中國的房屋仲介，而如果會日文，也能直接與當地的仲介公司接洽。收集到基本的房屋出售資訊後，小K會先用 Google 地圖大致了解地點的周邊設施，確認交通是否便利，以及附近生活機能是否完整，包括附近是否有便利商店、超市、餐廳、觀光景點、郵局等等。生活機能的完整度，也將影響民宿未來的價格。

第二步便是裝潢民宿房間。這個部分有兩個重點，一

選定地段後，除了準備足夠的費用買下房子，還要預留一筆資金做裝潢，以及水電瓦斯佈線等等

房子裝潢好、開始接待旅客後，三不五時要協助旅客處理居住的問題，並維護房屋環境

個是打掃便利性，另一個是風格的設計。

考量到民宿需要每天整理，在裝潢上不適合用太難清掃的材質。例如床的選擇，如果是附有靠墊的床頭板，可能就無法拆下清洗，僅能用濕布盡量擦拭，稍有清潔不淨，便很有可能留下異味；又比方地板如果不是平滑地面，除了容易卡灰塵外，也難以將所有汙垢清除。因此，考量未來打掃人員的效率與乾淨度，裝潢時不能只顧著美觀，也要注意打掃的便利性。

別再北歐風、工業風了，「接地氣」效果翻倍

風格設計這塊，小K會透過閱讀許多房屋設計書籍來培養自身美感，另外尤其會注意一點，就是風格要「接地氣」。所謂風格，就是想營造的感覺，有些人會有一些迷思，認為房屋一定要北歐風、工業風、和風……但這邊必須打破這個迷思。如果房子在古色古香的城鎮，結果裝潢成工業風，是不是有點突兀？

裝潢不只是有「風格」，如果能與當地的民俗風情有所連接，那麼對於吸引旅客將有加成的效果。因為整個地區的氣氛，都會為這間民宿加分。

房屋出租還有售後服務！用心服務讓房客源源不絕

當民宿裝潢好後，就到了最後一步——把產品銷售出去。小K會將民宿照片放上各大訂房網，並在網站內介紹自己民宿的特色，以及所提供的設備。此外，也會將周遭的美食、旅遊景點、購物逛街、超市、交通資訊製作成一份手冊，供房客參考。除了訂房網外，也會成立粉絲專頁加速推廣，除了不定時的回覆房客各項問題外，也會隨季節、節慶舉辦優惠活動，提高自己民宿的知名度與訂房率。

房屋被預訂後，便要解決房客入住期間的各種疑難雜症，並提供旅遊行程建議。房客感受到用心的話，除了會推薦親朋好友一起來光顧，還能為自己的評價加分。當好的評價不斷湧現後，累積起來就是民宿的名氣，那麼客源也就會跟著源源不絕了。

房客退房後，小K也要聯絡清潔人員打掃房子，並檢查設備完整性、備妥備品。一切就緒後，便能再次迎接下一組房客，為下一位旅客帶來美好的旅遊回憶。

與來自世界各地的房客們聊聊天、聽聽不同的見聞，也是當民宿老闆的樂趣之一

突襲職人包包

❶ **計算機**｜雖然手機也有計算機功能，但常常需要計算數字時，還是計算機按起來比較快和順手

❷ **保溫瓶**

❸ **筆電**｜透過網路收集各個民宿地點的資訊、處理訂單等等，民宿老闆大部分的工作都靠筆電進行

❹ **智慧型手機**｜就算是網路時代，還是很常有房客來電訂房或詢問，因此手機一定要保持暢通

一秒惹怒民宿老闆的一句話

就是靠爸靠媽族啊。

必須承認想從事這一行沒有一定的資本很難開始，但當你有資源，本來就要盡量利用；而且就算有房子，想開民宿也需要認真做功課和服務才能長久經營。

熊出沒注意
BE BEAR AWARE

Chapter 02

這些工作，你從未想過

有些職業或許從來不曾出現在你的人生選項中。可能是需要天賦、或是個人特質等特殊條件，也許我們終其一生都無法得到這樣的機會，但透過這個章節，讓我們一窺他們的工作樣貌……

自媒體時代，「有梗」影音的創造者——YouTuber

職場學長

走路痛

大家眼中的YouTuber……

眾人嚮往，名利雙收的新興職業

自從YouTube出現，人人都可以成為主角，像HowHow、這群人、蔡阿嘎等等都因趣味影片成名，媒體也經常報導「知名YouTuber年收百萬」；不用像上班族要打卡、坐辦公室，可以盡情做自己喜歡的事，還有大票粉絲、靠廣告收入賺進大把鈔票，生活光鮮亮麗，讓人對於YouTuber充滿憧憬。

其實真正的YouTuber……

前期準備與後製剪輯一手包辦

YouTuber會因為頻道的類型與屬性不同，而有不同的準備工作。YouTuber需要花時間收集相關類型的知識與題材，豐富影片內容。除了拍片、剪片占了大部分的工作

成為全職 YouTuber 的走路痛說自己比較非典型，大部分的時間都在電腦前、投入影片製作，比較少外出參與活動（圖片提供／走路痛）

時間外，洽談商案、腳本企劃、粉絲經營也是 YouTuber 工作日常中重要的一部分。

我也想入行！

現在人手都有手機或相機，要拍攝影片並不困難，所以 YouTuber 其實是一份低門檻的職業；但要成為真正有影響力的自媒體、穩定經營頻道卻有很大的難度。

隨著觀眾的標準提高，影片內容精緻度、腳本創意、套路的突破，都讓 YouTuber 備受考驗。因此花時間精進影片製作能力、活用創意靈感、塑造獨特的形象定位，都是 YouTuber 的重要課題。

YouTuber 的收入概況

YouTuber 的收入狀況浮動，依照案件的類型、產業和個人名氣有不同的收入和報價。初期還默默無名時，只能倚靠 YouTube 播放影片的廣告收入，還要支出影片製作的經費，入不敷出是很正常的，因此有很多人會把 YouTuber 當成副業，一邊還是有正職工作維持生活。

等到變得更有影響力後，會有比較高的詢問度。就走路痛的經驗來說，全職以後一個月固定產出4支影片，大約可以打平上班族一個月的月薪，甚至高出一些。

必備的專業

- *影片拍攝剪輯
- *動畫、特效製作
- *腳本構想創意
- *節奏掌控力
- *自我包裝
- *清晰口條
- *行銷策畫
- *粉絲經營
- *高EQ

職人都在忙什麼

「如果你的作品感動了我，我會再幫你感動10萬人。」人氣YouTuber走路痛，最初為了宣傳自己寫的書才開始學習製作影片，以簡單幽默、另類荒謬的方式推廣繪本、桌遊等文創作品、消遣各種話題，沒想到卻因此廣為人知，作品被網友評價為「超中肯推坑神作」。

走路痛大部分影片都用素材角色或貓咪為主角。最近也開始轉型，融入戲劇及配音等新元素，一直堅持「沒有成功的模式，只有成功的嘗試」的他，身為YouTuber的一天，到底都如何將心中的突發奇想轉化為影像呢？

漸漸有了知名度，YouTuber們也會收到訪問邀約（圖片提供／走路痛）

體驗與發想——
「我想讓小女孩聽懂，讓大叔笑出來。」

「我們最近設計了一款桌遊，即將進行募資，可不可以邀請你來試玩？」本身就很支持台灣桌遊的走路痛收到提案邀請後，會先去試玩、體驗作品。不管是桌遊試玩、遊戲或書本的閱讀體驗，如果覺得產品不錯、有有趣的點子能夠用在介紹裡，接受合作提案、討論檔期後，就會開始研究相關的視覺素材。

走路痛通常會花幾天時間先構想腳本。他有很明確的影片核心價值，「我想讓小女孩聽懂，讓大叔笑出來。」在每部影片中，都是以另類「萌點」和視覺著力點為發想，如果發現視覺呈現不夠吸引人，他也會找合作的繪師設計Q版角色或形象，再進行下一步的製作。

接到一般商品的合作，為吸引觀眾目光，通常他會召喚兩隻可愛的貓咪主子——小黑和拜拜來幫忙，拍一些「超展開」短片。由於是商業合作案件，這時候需要先把構思好的腳本交由廠商審閱，並說明影片的拍攝及呈現方式。

雖然走路痛常將自己產出的作品戲稱為「廢片」，但正因他獨特又超乎想像的風格，為他帶來高人氣與廠商的注意。客戶多半是喜歡他的腳本設計和影像風格，所以通常不太對他天馬行空的腳本有太多干預。

一般在預定完成影片前的1～2週開始進行影片的拍攝和剪輯，不過過程中總是會遇到一些令人頭疼的問題，比如他可愛又有個性的兩隻貓。

自己不在鏡頭前的影片拍攝

不同於一般的YouTuber，走路痛自己多半不出現在鏡頭前，也用Google的男性語音取代自己的聲音來為影片配音。他大多使用桌遊或書裡的角色來製作影片，所以比起單純的拍攝需要更多時間。

如果產品沒有適合使用的「角色」，走路痛就會請出非人類的影片主角——愛貓拜拜與小黑來擔綱演出。但因為動物無法控制，也被公認為最難拍攝的東西，走路痛總得使出渾身解數吸引拜拜與小黑的注意，讓牠們乖乖待在鏡頭前或做出需要的動作。當然拍攝過程也不容易，超有個性的拜拜常常特立獨行、按照自己的意識行動，往往需

上｜走路痛的影片裡常讓愛貓們擔綱影片主角
下｜結合可愛的貓咪、認真的後製和超展開的劇情，就是走路痛的風格（上、下圖片提供／走路痛）

小黑和拜拜是走路痛影片中的亮點，但也因為動物演員不好控制，要完成拍攝也很需要時間（圖片提供／走路痛）

要走路痛拿著逗貓棒引誘好久，才能成功讓拜拜完成拍攝。

影片拍攝結束後，他會花幾天的時間完成初剪，給客戶先確認，最後再上架到自己經營的各平台，整個案子就算告一段落。不過走路痛也不忘接收反饋，常常和粉絲在專頁上或是影片下互動，確認影片的效果。

走路痛的 YouTuber 生活：穩定產出、樂在工作中

從接案洽談到影片完成上架，大約需要1個月左右，實際製作影片則約1週。走路痛認為，同樣的題材與套路不適合做超過3次（但自己喜歡的東西除外，像是遊戲《爐石戰記》就做了好幾支），而每週固定上架1～2支影片，是他作為 YouTuber 的原則，他認為一位 YouTuber 如果想長久維持熱度，每週產出1支影片是基本條件。

成為全職 YouTuber 後的走路痛，幾乎天天都坐在電腦前、投入影片製作。他不好意思的說，經營得好的 YouTuber 多以幕前形象為主，會參加公關活動、像個小型藝人經營自己，他比較非典型。

如果要看走路痛的一天，大概會是：早上起床餵貓↓剪片↓下午餵貓↓剪片↓睡覺。累的時候就跟貓玩，偶爾出門拍片、談案子，似乎沒有什麼休閒時間。不過走路痛說自己並不會刻意切割工作與生活，畢竟曾經在別人底下當員工，現在自立門戶的他正享受並珍惜「為自己工作」的時光，樂在其中。

上｜比起其他 YouTuber，走路痛很少在影片中露面，有的話也總是變裝出場（圖片提供／走路痛） 下｜雖然走路痛常將自己的作品戲稱為「廢片」，但正因他獨特又出乎意料的風格，為他帶來高人氣

突襲職人包包

1 走路痛抱枕套　不帶著它出門都沒人知道自己是誰
2 頭套　因為不太習慣露臉，先用它減緩一點尷尬感
3 爐石徽章　爐石是我最愛的卡牌遊戲，雖然玩得不太厲害。這個徽章是之前受邀參加 BlizzCon 的紀念品，有很珍（ㄒㄩㄢ ˋ）貴（ㄧㄠ ˋ）的意義
4 桌遊　雖然都沒人陪我玩，但還是很熱衷於推廣桌遊
5 繪本　其實很多繪本都很棒，但要做成影片真的很困難
6 貓咪口罩　因為恥力不足，我其實都把它反過來戴
7 貓咪玩具　內有貓草和鈴鐺，是跟拜拜小黑玩的道具
8 相機　百分之九十是拿來拍貓，百分之十是拍我的腳
9 GoPro　因為沒有前鏡頭，常常拍了半天只拍到天花板
10 行動電源　沒有它就不敢出門。雖然本來就很少出門

一秒惹怒 YouTuber 的一句話

嗯……還好欸，目前沒有。
我覺得我的粉絲都很善意支持我。

打開神祕力量的大門——占卜師

職場學姐

Claudia

大家眼中的占卜師……

預知未來，對自然或神祕力量有特別的「感應」

「占卜師」三個字總給人一種玄幻的神祕感，每當提起，腦海似乎就會浮現穿著奇異的占卜師坐在黑暗的帳棚內，桌上擺放著水晶球和各式各樣的占卜道具，嘴角帶著一抹神祕微笑，為上門的客人開運解惑。

其實真正的占卜師……

透過占卜和解析，提供諮商回饋

占卜師有點像諮商師，接到客人預約之後，占卜師會先花時間了解客人提供的資訊和背景、心理狀態，等待客人上門給予相應的諮商回饋和占卜解析。

除了在工作室工作外，有些占卜師也會帶上占卜道具，到其他的命理場所排班，或是和咖啡廳合作，拓展客源。

從小就喜歡神祕學的 Claudia，透過塔羅幫人從迷茫中找到出口，她也從中得到成就感（圖片提供／ Claudia）

我也想入行！

只要有興趣和開工作室的勇氣，就可以踏入這個行業。不過占卜師是介於好朋友以上，諮商心理師以下的角色，想成為占卜師的關鍵在於能不能用良好的口條、諮商功力取信於人。當然基本的占卜道具、占卜專業知識、占星知識也不可少。再搭配適當的行銷和宣傳方法為自己吸引客源，就能成為一位不錯的占卜師。

必備的專業

*占卜、占星專業知識
*諮商技巧
*溝通口條
*社會歷練
*同理心
*中立客觀

占卜師的收入概況

占卜師的收入依知名程度和實力，有很大的差異。較有經驗的占卜師每小時約收費1~2千元，若以每週工作3天、每天4個客人計算，占卜師的月「營業額」可達4萬元以上。不過由於並非每天都有這麼多客人，加上還有場租或和其他單位不同的拆分方式，占卜師的收入狀況大致上與一般上班族差不多，甚至更低。也因此很多占卜師會開設課程、講座活動或者販賣產品等等增加收入。

在個案進門前，Claudia也會先占卜一下這位個案是怎樣的類型，以及可能的需求

職人都在忙什麼

從小就對神祕學抱有極大興趣的占卜師 Claudia，從國中就開始接觸塔羅牌，不過當時只是當成興趣嘗試，直到經歷了家人的離開和工作上的不順遂，才開始以興趣發展新方向，放手一搏，開設自己的專職占卜工作室。接觸占卜到現在已經有20多年的時間，結合芳療和藥草的占卜師 Claudia 是如何度過她的一天呢？

占卜師悠閒自在的慢活早晨

一日之計在於晨，屬於晨型人的 Claudia 會在吃早餐前，把週末開課需要的講義準備好，偶爾會在這個時間製作要用的占卜道具，力行「自己的道具自己做」的原則。

Claudia 作為照顧他人心靈健康的塔羅占卜師，她認為要先照顧好自己的健康才能為大家服務。因為熱愛香料，她喜歡在早餐時用各種印度香料煮一杯熱呼呼的印度香料奶茶。而且她對於香料的使用也十分講究，會特別到印度香料店購買肉桂、豆蔻、黑胡椒和新鮮的薑細細研磨。

雖然占卜師的職業帶有濃厚的神祕色彩，但現代占卜師除了占卜本業，還得多多利用網路、粉絲專頁等平台讓更多人認識自己。對 Claudia 來說，跟粉絲互動是件愉快的事，也是每日必作課程，偶爾甚至會利用視訊來幫客人占卜。

占卜時最重要的是保持心情平靜，因此每日冥想、昇華心靈也是必要功課。這時精油就起到了大用，它讓空氣中飄浮一種寧靜的氛圍，使占卜師能夠平靜的進入冥想狀態。

就跟其他職業上班要穿制服一樣，不只是 Claudia 個人的穿衣風格，有些時候也可以適當的穿著一些「有占卜師感」的服裝去工作。

屬於晨型人的 Claudia 在吃早飯前，製作自己使用的藥草如恩符文（上、下圖片提供／ Claudia）

上｜開始占卜前，Claudia 會準備自己搭配、能安定心神的花草茶招待來占卜的訪客 下｜喜歡香草的 Claudia 會舉辦香料沙龍，也和大家分享香料的有趣之處（上、下圖片提供／Claudia）

依照星星的指示，為他人指點迷津

下午大約1、2點開始，Claudia 大部分的時候會在自己的工作室為客人占卜，偶爾也會去咖啡廳駐店。先把占卜道具準備好，接著開始等待在人生道路上迷路的人來尋求指引。空檔的時候，Claudia 會滑手機看看粉絲頁留言，或把握時間看些與占卜、神祕學相關的書。

占卜服務多以小時為單位計價，有些時候配合某些活動，也會有比較簡單的占卜方式，可能就會用「一個問題500元」等類似的方式收費。

Claudia 通常會安排不只一個地點的駐點占卜工作，駐點時間結束，她前往下個工作地點赴約。

跟牌組培養感情，也替明天的自己占卜一下

結束一天的忙碌，回到家整理塔羅牌。工作結束後，Claudia 會用薰香淨化今天的工作夥伴，同時檢查是否有缺牌及整理順序，這也是一種與牌培養感情的方法。

把牌整理好收拾前，為自己明天的工作抽一張牌，預測一下明天該注意的事項，或是會遇到什麼樣的客人。

上　熱愛繪畫的 Claudia 也曾以展覽形式，展出繪製的塔羅牌和道具 下　一般占卜是以時間計費，但配合一些活動，也有「一個問題 ×× 元」的收費方式（上、下圖片提供／Claudia）

結束一天的忙碌後，回到家整理塔羅牌，用薰香淨化今天的工作夥伴，也是一種與牌培養感情的方法（圖片提供╱Claudia）

一天下來聽了太多人的人生故事，在睡覺前要讓運轉的腦袋緩慢下來。Claudia會為自己調個香氛澡，準備帶著平靜的心情入睡。泡完澡，睡前再看一看是否有需要函授的客人，同時看明天星象如何，及早為明天做準備。約莫晚上10點，結束她的一天。

在占卜師的閒暇之餘，每到週末假日，Claudia也會到花市逛逛、補充一些日常會用到的香草。此外，她也會開設塔羅占卜、薰香等相關的課程。

「男人心情不好的時候會去酒店，女人心情不好會來買占卜師的糖。」Claudia這樣詮釋她的工作，她說在踏入占卜師行業之後，才發現自己的無限可能。能夠貼近神祕學，透過塔羅與陌生人接觸，在他們失意的時候給予一些安慰和建議，幫助別人從迷茫中找到出口，讓她的占卜師人生得到更多成就感。

一天下來聽了太多故事，Claudia 回到家會洗個香氛澡，讓腦袋和思緒沉澱放鬆（圖片提供╱Claudia）

突襲職人包包

1. 塔羅牌　身為占卜師，塔羅牌是 Claudia 工作的好夥伴
2. 桌布　配合每天選用的塔羅牌或占卜道具，Claudia 也會選擇不同顏色的桌布搭配
3. 玻璃小瓶　藥草也是 Claudia 會隨身攜帶的小物，有讓人心情平靜和放鬆的功效
4. 化妝包　內有護唇膏、口紅、小梳子和耳機。打點門面給個案好印象
5. 小藥盒　平日會放維他命、葉黃素等營養補充品
6. 文鳥面紙套　占卜師本人是文鳥控，忍不住在日本購得。最大願望是帶自家文鳥來上班
7. 自行設計的名片　是符合占卜師形象的神祕黑色，雙面燙金。加上個人的象徵圖騰
8. 環保筷和吸管　自備環保筷與不繡鋼吸管已有 5、6 年之久，出門必帶
9. 淨化用小茶燭　是自己手製的，內含迷迭香精油和乾燥迷迭香，以淨化環境
10. 自家與工作室鑰匙
11. 錢包　偶爾也想偷偷奢侈一下

一秒惹怒占卜師的一句話

塔羅牌裡有牌靈，作占卜一定是跟惡魔打契約。

塔羅牌的準度確實很神祕，但如中國的易經一樣有其結構性，換言之是西洋對宇宙哲學的縮寫。塔羅牌占卜是門技術，就算不通靈也是可以使用的。

在工作中享受興趣，「玩」是最大任務！——遊戲實況主

職場學姐

小熊

大家眼中的遊戲實況主⋯⋯

打電動就可以有大筆收入

工作不用出門，只要坐在電腦前，架著網路攝影機和麥克風，開直播連線自己打電動的畫面，就能吸引一群觀眾觀看、留言，輕鬆好玩又有收入，是世界上最開心的工作之一！

其實真正的遊戲實況主⋯⋯

除了打遊戲，遊戲與廠商背景也須熟背

以職業分類來說，實況主的作息偏向 SOHO 族，也就是在家工作、自由接案的生活。不過一位成功的實況主除了在鏡頭前打遊戲，事前事後都需要很多的準備工作。例如看國外玩家的實況，試玩並深入了解一款遊戲，如果接商業案得先擬好腳本，或是背好廠商要求的腳本內容，另

實況對小熊來說是興趣，是一份想要一直做下去的工作

外還得花大量時間經營粉絲，Twitch、YouTube、粉絲團等等平台，都是工作很重要的部分。

我也想入行！

遊戲實況主是只要準備電腦、攝影／視訊設備、麥克風等器材，並且對遊戲了解，就能入門的行業；相對很多工作來說入門很容易，但要成為有知名度、有觀眾追隨的實況主，除了遊戲技巧好、個人的說話特色和風格也是十分重要的。

遊戲實況主的收入概況

遊戲實況主的收入來源可以簡單分為觀眾贊助、平台廣告或商業案件收入，但依據每位實況主的知名度、人氣、觀眾收看狀況不同，可獲得的報酬也有所不同。剛開始的實況主月收入可能不到2萬，但知名實況主月收入可達10幾萬以上，收入有非常大的差距。

以最多人做遊戲實況的平台Twitch為例，一個觀眾訂閱頻道一個月最少需要4.99美金，據報導，中小型的實況主可獲得的金額需和平台對分（資料來源：風傳媒報導《素人難生存？實況主：DONATE是鼓勵，不是斂財》、實況主兔頭哥FB分享《關於Twitch訂閱收益那檔事…》）也就是說，如果希望單以觀眾訂閱達到月收入3萬元，至少需要400名訂閱者。

另外，根據Twitch提供資料，目前台港每月不重複實況主超過3萬人，其中只有500位左右是觀眾數量及開台時數都相當進階的Twitch夥伴，小熊也是其中一人。

必備的專業

- **＊能邊玩遊戲邊說話，同時講出好的內容**
- **＊社群經營、自我包裝**
- **＊臨場反應**
- **＊遊戲市場敏感度**
- **＊求新求變**

職人都在忙什麼

平常有關注遊戲實況及電競賽事的人，想必都對小熊Yuniko不陌生。熱愛遊戲的她從小就和鄰居哥哥一起打電玩，直到大學偶然接觸遊戲實況產業，因個人興趣開台實況，後來被遊戲公司相中成為主持人。目前在各種活動場合都有機會看見小熊的主持身影；晚上，小熊也不會忘記自己熱愛的遊戲實況。從實況起家的小熊，她的一天都是怎麼度過的呢？

開台前的準備！怎麼決定玩什麼呢？

小熊是個工作狂，每週的行程都非常滿，平均一天會有2～3個主持工作，因此實況總是在她有空，或是結束主持工作後的晚上進行。一般遊戲實況主通常會在固定時間進行實況，不過幾乎每天開台的小熊則會在當天實況結束後，跟觀眾們分享隔天的行程並約定開台的時間，並將相關訊息更新在粉絲團和實況台。

對於重視表演內容的小熊而言，選擇自己喜歡、能夠跟觀眾產生共鳴又可以發揮表演性的遊戲，是她最主要的目標。小熊喜歡在實況前先大致了解遊戲內容，測試和自己性向合不合，找好中文化版本等等，這些都是基本的開台前準備。小熊多半會在幾天前就決定好自己接下來要實況的遊戲，實況當天確認攝影機和麥克風等設備正常、安頓好貓咪們，就可以開始啦！

小熊開台啦！跟觀眾一同度過愉快的遊戲時間

小熊通常會依照遊戲長度，將一款遊戲拆成幾天的實況進行，比較屬於規畫型的實況主。

小熊的開台內容包含遊戲前吃點東西、跟觀眾們聊聊

上　熟悉遊戲的小熊，曾是 Overwatch OPC 賽事的主持人 下　實況前，小熊也會跟觀眾們話家常、聊聊天（上、下圖片提供／魔鏡娛樂）

天分享生活，等到約定的時間再進入遊戲。熟悉小熊的觀眾們都知道，打LOL（英雄聯盟）時的小熊很忙，手上操作著角色的走位跟動作，同時一邊把自己心裡的OS也喊出來；玩故事類的遊戲時，有時候還會模仿角色可能的語氣念出角色台詞，時不時再加上一些小劇場，相當投入。

除此之外，玩遊戲的同時，小熊一定會關注觀眾們的留言，也會和觀眾們互動。就像在和朋友們一起玩遊戲，自然不做作又有趣的實況風格，讓小熊擁有眾多觀眾支持，大家都能一起度過愉快的遊戲時間。

從遊戲實況起家的小熊主持風格活潑自然，就像在和朋友一起玩遊戲（上、下圖片提供／魔鏡娛樂）

實況結束後，小熊也會看看觀眾們對於實況內容的回饋。例如她就曾因為觀眾們的建議，去上了正音和口語表達的訓練課程，希望讓實況的品質更好。另外像是精華影片的剪輯、是否要找其他的實況主合作、經營粉絲頁和社群等等，也都是關台之後的工作。

實況主也要吃飯：商業合作案這樣做！

商業合作的遊戲實況並不是小熊主要的收入來源，但為了讓想成為實況主的朋友們能夠理解，小熊也分享了商業合作案進行方式。

商案的準備可能從執行的好幾週前就開始洽談，但也可能會接到活動前幾天才來聯絡的急件。就算跟廠商敲定執行時間，也未必會順利進行，直到開實況前都會有各種變數。小熊就曾在實況前一天和廠商聯繫確認，才得知案子沒有要進行的消息；即便自己已經付出時間和努力準備，也只能當作是學一次經驗。由於這樣的情況在實況圈很常見，因此想避免這種狀況，小熊提醒一定要看清楚合約。

確認案子要執行以後，小熊就會開始著手實況的準備。有些廠商希望有腳本，玩遊戲按照廠商期待的步驟進行，小熊就會先擬定腳本、熟悉遊戲內容以確保實況進行時能夠順利完成廠商所交代的事項，並掌握良好的進行節奏。

大部分的廠商會給小熊較大的空間自由發揮，為了在實況時更有內容，對於遊戲的深入掌握絕對是實況主在開台前必做的功課。小熊總會在開台前認真試玩，熟悉整個遊戲的模式、道具使用和遊戲特色等等，也會規畫自己的宣傳策略、要講的內容和相關備案，連實況時的畫面呈現都會一一確認，很多細節需要注意。

接著就是如同一般的實況流程進行，不過小熊通常會在實況前後搭配自己的遊戲實況。實況結束後可能會有一些截圖、影片或數據要提供給廠商，這樣就算是結束一次商業合作的實況了。

在工作分配上，目前小熊還是以主持工作為主，偶爾也會壓縮到自己開實況的時間，不過熱愛主持與電玩的小熊說，實況是興趣，只要一有空就會開，無關收入，而是一份自己一直想要做下去的工作。實況與主持都帶給她豐富快樂的人生和感動，無論如何，她都會持續在這條道路上繼續快樂的享受著。

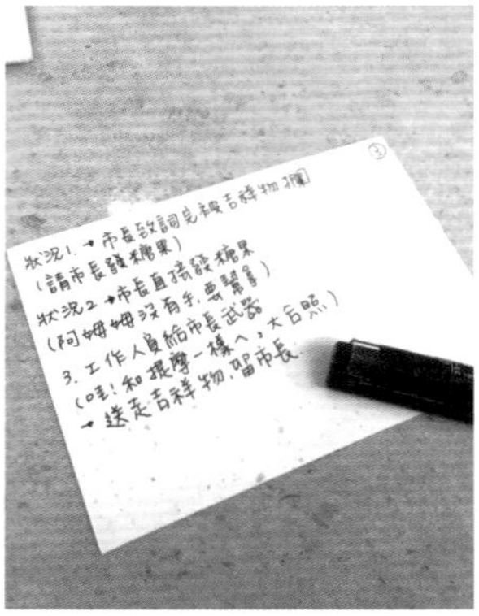

在活動開始前，一個有準備的主持人會先沙盤推演各種狀況（圖片提供／魔鏡娛樂）

較具知名度以後，也會有更多樣的工作機會邀約，圖為參與網路劇拍攝（圖片提供／魔鏡娛樂）

突襲職人包包

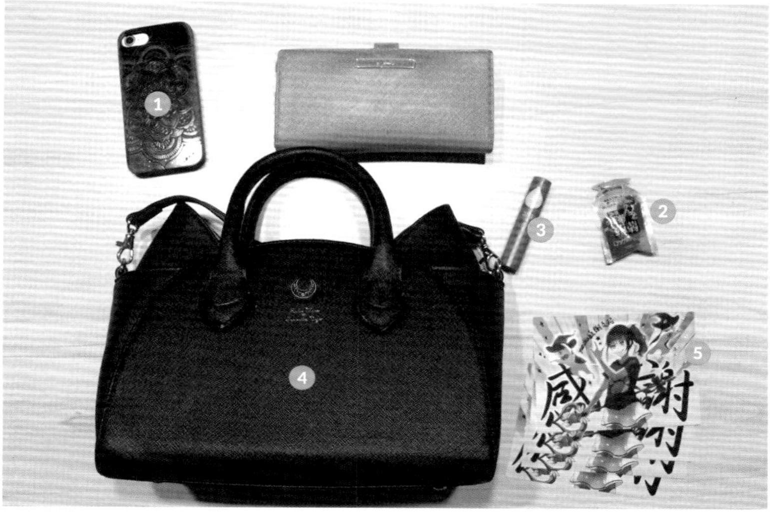

1 手機殼｜2016 年第一次去聖地牙哥參加 TwitchCon 時買的，格外有紀念意義

2 小零食｜小熊總會在出門時隨手拿幾個小小的零食塞進包包或口袋，覺得煩躁或不安的時候可以吃

3 護唇膏｜其實小熊內心是很少女的，當時一看到出了美少女戰士聯名款，瘋狂買了一大堆周邊

4 包包｜美少女戰士聯名包包

5 感謝小卡｜如果在路上捕捉到野生的小熊，就有機會獲得特別的認親小卡！

一秒惹怒遊戲實況主的一句話

打電動就可以賺錢！

一般人可能認為遊戲實況主就是在鏡頭前邊打遊戲邊和大家聊聊天就可以，但想以它為業的話，其實背後有很多準備工作，包含事先做功課、規畫實況的內容跟節奏等等，並沒有這麼簡單！

專業的「奧客」其實大有學問——神祕客

大家眼中的神祕客……

專門到店家找碴的奧客？

「神祕客」這個職業就如同它的名字，一般人對這行一知半解，甚至有人會將神祕客與「奧客」畫上等號，認為神祕客會偷偷潛伏在餐廳、百貨公司、飯店或是各類營業場所，針對服務人員提出各種刁鑽的問題，觀察店員服務態度，挑戰店家耐心底線。

其實真正的神祕客……

設想不同情境，不斷體驗商品與服務

簡單說就是不斷買、不斷吃、不斷走，體驗產品、服務和流程，並且需要設想各種情境、提出各種問題。他們同時又像是編劇、演員、影評、導演等，隨時變換身分，甚至持有專業執照，食衣住行各行各業都會遇到，都得精通。

有時候應客戶要求，神祕客會製造狀況考驗服務人員的臨場反應（圖片提供／SGS）

職場學姐

Kathy & Elaine

我也想入行！

一般入門級，二度就業的媽媽、學生兼職都可以成為入門的神祕客，但如果想進階到高階，就必須具備相關的能力；像是理論、技巧、專業的課程培訓、互動溝通的能力、對市場／產業的觀察和熟悉程度，最重要的是不斷消費，累積經驗。

另外，不少機構會要求神祕客持有證照。目前台灣最主要採用的證照是SGS Qualicert PSMA專家神祕客稽核員訓練課程，而業界培訓神祕客的機構以SGS台灣檢驗科技公司、英特美國際驗證公司為主。

神祕客的收入概況

神祕客工作皆以接案方式進行，薪水計次收費並加上相關補助，每個案件收入約數百到數千元不等。

一般廣徵神祕客的市調公司，任務門檻較低，每次收費不高但案子多，例如產品的試吃試飲，一次案件酬勞約幾百元；專業神祕客公司多主打中高階商品、服務流程，或與品牌企業有合作關係，因此執行任務門檻較高，待遇相對優渥，每次案件收入至少數千元，但案量少。

由於淡旺季工作量不穩定，大多數神祕客以兼職為主，每月大約可接4～8個案子；但若是能達到多案量的兼職神祕客，平均月收入可在1萬5千～6萬元之間，依報告品質及能力而定。

必備的專業

＊撰寫報告、文書處理（最基本！）

＊報表彙整與管理（最基本！）

＊表達互動（最基本！）

＊危機處理

＊敏銳觀察力

＊工作年資10年以上

＊具有管理概念及充足的消費經驗

＊善於分析市場調查

＊外語能力

除了擔任神祕客，具豐富經驗的 Kathy 也擔任相關課程的講師（圖片提供／ SGS）

職人都在忙什麼

任職於台灣檢驗科技股份有限公司（SGS）的服務驗證資深專案經理 Kathy 和專案經理 Elaine，一開始都是因為工作需要，參加了神祕客稽核員的訓練課程，通過考試後被講師發現有當神祕客的潛力，才成為全職神祕客，目前更擔任相關課程的講師。而全職神祕客的工作內容又是如何安排的呢？

為自己設計角色、寫好劇本，神祕客出動！

神祕客工作由豐富的消費體驗堆疊而成，每天都要面對很多不同的案子，就像在玩角色扮演，隨著體驗不同服務，他們也必須在各種角色間轉換自如。

通常在幾週前，神祕客就會先收到任務，開始準備：思考案件進行的步驟和可能發生的狀況，該訂位、預約的餐廳或服務也要提前預約，還要依照產品或任務需求設定自己消費時的角色、「背好劇本」，接著就等待稽核當天出動。

這天早上6點，Kathy 和 Elaine 已經起床，為一整天忙碌的行程做準備，先順過一整天的案子及行程，準備好各種變裝衣物後出發。因為有些體驗需要兩人一起進行，她們會把體驗時間排在同一天，互相搭檔和照應。

由於第一個行程是8點的健康檢查體驗，所以前一天晚上就得禁食。照著流程做完檢查大約是11點，她們馬上就趕往某車商的展示間看車及試駕。在服務人員熱情招待、為她們介紹車款的同時，Kathy 和 Elaine 也得在腦中默默記下他們的話語及態度，並且準備各種問題測試對方的對答與反應，還得同時測試車的性能。

雖然服務人員良好的接待態度的確能為服務加分，不過有時候太熱情的服務反而讓 Kathy 和 Elaine 招架不住，怕花太多時間會耽誤後續行程。

最令人羨慕的工作內容：消費不花自己的錢

試車結束，時間已過了中午，她們前往自己最喜歡的行程——百貨公司試吃購物，順便享受令人興奮的午餐時光。對本來就愛 shopping 的兩人來說，沒有比這更愉快的行程了！飽餐一頓後，兩人邊逛街之餘也要打量百貨公司櫃位的商品擺設、服務人員態度、安全動線等等，她們可是無時無刻都睜大著雙眼和耳朵，也觀察著周邊客人的反應和評價。

突發狀況：被發現是神祕客怎麼辦？

雖然「逛街」相對輕鬆，但偶爾還是會有突發狀況，像 Elaine 就遇過有人在百貨公司裸奔，保全隨即出現制止的事件；Kathy 也提到，有些神祕客在稽核當下，被店員試探是否是神祕客，這時候就十分考驗神祕客的臨場反應和危機處理能力了！

神祕客出門都會準備多套服裝配件，以符合不同消費角色（圖片提供／ SGS）

遇到顧客裸奔這種特殊狀況，會影響到服務人員表現，稽核結果可能不會被採用；但如果店員的危機處理能力好，或許會因此被寫進報告裡加分。如果店員發覺客人是神祕客，正確的做法應該照正常流程進行服務；若因為懷疑客人是神祕客卻是誤解，對客人可是非常失禮的。而就算被懷疑，神祕客也該秉持著不能曝光的最高原則，靠個人機智化解窘境，同時也讓服務體驗順利完成，才是神祕客的專業表現。

體驗結束，立刻整理感想與筆記！

接著完成電影院、電子產品賣場、超商的體驗後，回到家，Elaine 坐在床上開始整理一天的稽核報告。這是考驗記憶力的時刻，身為神祕客要有很大的腦容量，才能夠清楚整理出一整天的稽核內容。

Elaine 說，剛開始當神祕客不熟悉、每完成一個案子要立刻筆記重點，又要變裝前往下一個體驗點，難免手忙腳亂；現在她已經駕輕就熟，就能更游刃有餘的面對工作。

「如果將這份工作當正職，不是被累死，就是會餓死，淡旺季的工作量很難達到平衡。」Kathy 說，雖然忙起來會分身乏術，淡季又可能閒到發慌，但他們還是對於當一位「業餘的演員」這件事樂在其中。身為神祕客，每天都有新鮮事和新挑戰，這也成為他們不斷進行消費體驗，推進自己成為專職神祕客的一種動力吧！

上　對喜歡購物的人來說，當神祕客最棒的就是買東西有人付帳了 下　完成稽核後，要將服務當下的狀況與觀察詳實紀錄，寫成報告

突襲職人包包

1 大包包｜要放得下各種變裝用品，大容量的包包是必須的
2 筆記本｜記錄行程或簡單筆記，現在大多直接記在手機裡
3 手機｜有時候不同廠牌的手機也是體驗需要用到的東西，出門可能會帶著 1 ～ 2 支
4 行動電源｜手機使用量太大，一定會用到行動電源
5 6 7 8 變裝道具｜眼鏡、墨鏡（多付備用）、髮圈／帽子、口罩、護腕／圍巾、耳機
9 化妝包｜變裝必備，還會帶著 OK 繃，稽核一整天怕鞋子磨腳
10 香氛劑｜到不同場所工作，有時候需要去除身上的味道
11 口氣清新劑、口香糖｜提神、消除口氣
12 雨衣｜工作時常常身上東西多，若遇上雨天，穿雨衣會比較方便
13 綜合維他命＋ B 群｜維持體力

一秒惹怒神祕客的一句話

神祕客就是奧客、神祕客不就是吃喝玩樂而已嗎？

神祕客並不會刻意刁難店家，而是協助業者檢視服務人員遇到危機處理時會如何應對。吃喝玩樂是真的有，不過這類必須記得各種服務細節、體驗完還要寫報告的吃喝玩樂，可不輕鬆啊！

為作品找到最棒的位置——策展人

職場學姐

張君懿

大家眼中的策展人……

藝術專家，統籌大小展覽

應該是個博學多聞、對藝術和各領域都有涉獵的人；擁有豐富的展覽參觀經驗與藝術相關知識，能夠重整、洞悉作品蘊藏的意涵，並藉由策展提議，架構出作品之間的關係、決定展覽的主題與調性。同時善於溝通，懂得統籌人力與財力資源，順利舉辦展覽及相關活動，讓觀眾可以更親近藝術作品。

其實真正的策展人……

參加各種會議，協調意見

展覽籌備期間，往往須奔波於各會議之間，擔任藝術家與執行單位之間溝通的橋梁。此外也時常會參觀展覽、參與座談會或學術論壇。

和藝術家對話、討論作品的時刻，是張君懿在策展工作中最喜歡的一環（圖片提供／張君毅）

策展人除了自己的工作，也時常會去參與座談會或學術論壇（圖片提供╱張君懿）

我也想入行！

張君懿建議想接觸策展領域的年輕學子，可以從閱讀大量作品、累積觀展經驗開始，訓練對作品本身以及空間配置的判斷能力，她也認為過去的工作經驗對展覽的策畫相當有幫助。

曾於國外擔任藝文記者的她，每月平均會參觀3～5個展覽，並藉由觀察作品、展場以及閱讀策展理念與創作

必備的專業

- ＊策展專業
- ＊藝術相關知識
- ＊作品計畫溝通能力
- ＊創造力
- ＊想像力
- ＊洞悉作品與時代關係

自述等展覽相關資料，掌握展覽的策畫想法以及實際規畫。

策展人的收入概況

獨立策展人的收入是依照策展計畫的經費配給，給付的金額以及時間並不固定，伴隨著計畫結束也跟著停止。而在美術館等機構內任職者，則是領有職位的固定薪水，並不因策展而增減。以台北市立美術館為例，組長或助理研究員薪資比照大專院校講師，本薪約在2萬6千~3萬7千元間。

職人都在忙什麼

「策展」來自兩個拉丁字詞，分別是Curation和Curator，前者泛指整合生活中的相關物件，將其重新排列的過程，近似市面上常見的多媒體作品或生活相關展覽；而後者則著重在建構作品相互間的關係，也就是擔任展覽製造者的角色，需擁有藝術史知識，能夠分析、解構與重組藝術作品。

受訪的張君懿，本身也是藝術家，現為國立臺灣藝術大學美術系兼任助理教授、有章藝術博物館典藏研究組組長，曾於2017年擔任《空氣草——當代藝術中的展演力》的策展人。

一場展覽的誕生

展覽的流程，大致可分為企劃、執行、展出以及結案四個階段，每個階段又細分成多項任務，通常分別由不同單位的工作人員負責。平均而言，籌備一場大型展覽至少須半年、甚至1年以上，而規模較小的展覽，時程則可能

上｜策展人是藉由篩選、有意識的組織，將概念、思維傳遞出去的散播者 下｜張君懿具有藝術家和策展人的雙重身分（上、下圖片提供╱張君懿）

籌備作品安置技術和規畫展場空間，都是策展人的工作之一（圖片提供／張君懿）

壓縮在2~3個月內完成。像《空氣草——當代藝術中的展演力》規模的展覽，從籌備到完成大約經歷了5~6個月。

在前置作業期間，核心工作團隊會召開多次會議，針對展覽大方向進行討論；評估規模後開始分配人力資源、編列預算並申請展覽經費。初步方向擬定後，便開始蒐集可能合作的藝術家作品資料；等確定了參展藝術家的名單，就著手聯繫，邀請藝術家至展覽現場場勘、討論作品計畫。

在策畫《空氣草》的過程中，因為北區藝術聚落展場的特殊性，希望作品和展區能產生聯結，張君懿跳脫以往由策展人直接提供藝術家展出作品空間的模式，而將空間選擇的自由交給藝術家。她希望藝術家可以選擇一個對他們來說最「有感」的空間，如果藝術家們所選定的場地有所重疊，她會去思考、判斷什麼作品更適合存在於那個空間之中，居中協調，找到最適合的解決方案。

和藝術家天馬行空聊作品，是張君懿最喜歡的策展工作中的一環。她說：「在和藝術家對話的過程中，往往會陷入一種作品想像的世界，想法最後不一定能夠真正落實、作品不一定會實現，但那是一個想法和能量流通的時刻。」對她來說，縱使策展工作包含了許多不確定性，甚至可以說是一項冒險的工作，但也正因如此，更充滿許多令人期待和驚奇的地方。

藝術家的作品計畫大致確定之後，開始進入各項展務執行的階段，需要彙整作品所需物品或器材、籌備安置作品必需的相關技術，以及根據整體作品規畫展場空間與動線。除此之外，也須同步進行文宣設計、建置展覽網站以及所有與媒體宣傳相關的事務，只要是關係到整個展覽的定調，策展人都會出面直接聯繫，張君懿笑著說，「每到這個時候，電腦螢幕上的對話視窗常會多到打架，電話話筒也總是不離手，隨時處於溝通的狀態。」

開展後迎來更艱鉅的挑戰

隨著展覽開幕日越來越近，策展人及工作團隊的神經也越來越緊繃，需要準備面臨種種突發狀況。當展覽順利開幕之後，相關的活動也輪番上場。策展人與團隊透過陸續展開的系列論壇、工作坊和導覽，讓觀眾更了解展覽的內容，同時希望引發相關的討論。展期間透過影音記錄展覽的作品和各項活動，並且出版專刊，盡可能記錄展覽的面貌。

創造一個開啟可能性的平台

本身為藝術家的張君懿表示，她先是一位藝術家，才是策展人，所以當她策畫展覽時，總是先思考，什麼樣的展覽可以有利於藝術家的創作？在策展的過程中，她關注的是如何讓作品有機的生長，而不只是將作品固定在靜態的空間裡。

她將策展比喻為放風箏，放風箏需要遙望遠方，但風箏起飛前必然需要考量各種現實層面的問題，一切條件具足之後，才能確保乘載理想的風箏，飛得又高又遠。

上｜策展人會統籌各項資源、舉辦展覽和相關活動，讓觀眾能夠更親近藝術品
下｜透過陸續展開的系列論壇、工作坊和導覽，也希望能夠將展覽的熱度延續下去（上、下圖片提供／張君懿）

突襲職人包包

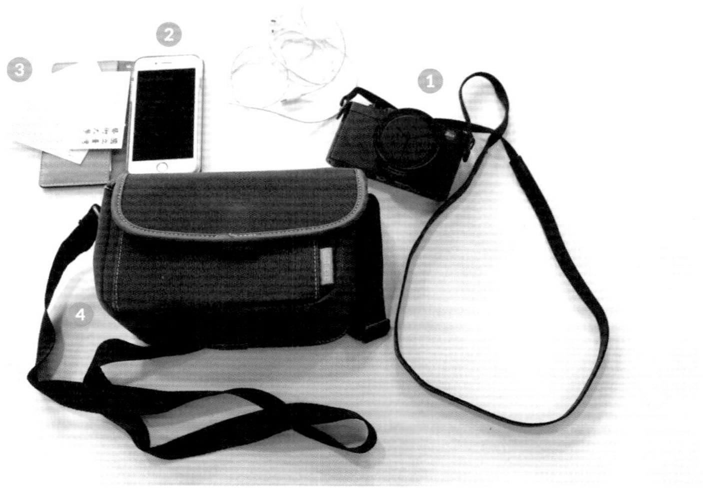

1. 萊卡相機｜從事影像創作的張君懿，隨身攜帶著萊卡相機，將生活中有感觸的畫面記錄下來
2. 手機｜搭配有卡夾的手機皮套，裡面還可以多放幾張名片，很方便
3. 名片夾
4. 相機包｜輕便好攜帶，剛好放得進相機跟手機

一秒惹怒策展人的一句話

當代藝術就是做一些人們看不懂的東西！

在規畫展覽的階段，工作團隊會思考，如何運用大眾的語言進行溝通，也會透過文字說明、導覽活動以及一系列的講座，讓觀眾更加理解展覽。然而，當觀眾未嘗試理解展覽內容之前，若先表示拒絕理解的態度，有時難免會令人感到氣餒。

Chapter 03

通過考試，才能做的工作

有些工作需要的知識量非常大、執行的內容可能會影響他人的權力，甚至生命，因此需要非常專業的能力。從事這些工作的人都必須經過特別的訓練和考試、取得資格才能擔任，這樣的職業有哪些呢？

用語言溫柔的力量，幫助個案發現問題——諮商心理師

職場學姐

楊嘉玲

大家眼中的諮商心理師……

擁有舒適放鬆的工作環境，待遇優渥

如同美劇情節，一個舒適的房間、一張躺椅，諮商心理師優雅地坐在一旁，和躺在椅子上的「個案」們聊著天，時不時在筆記上書寫幾個字；聊著聊著，每小時上千元的鐘點費就輕鬆進帳。

其實真正的諮商心理師……

以語言治療的方式排解個案壓力

諮商心理師的主要工作，是以語言治療的方式幫助個案排解壓力，解決個案的憂鬱或焦慮等問題。提供服務前會先請個案先寫下他們遇到的問題，諮商師則在諮商過程中透過對談和行為觀察，了解個案的狀況並提出建議。諮商後也會撰寫相關報告。

楊嘉玲想讓心理工作發揮更大的效益，所以開辦課程，可以一次面對更多需要的人（圖片提供／楊嘉玲）

我也想入行！

諮商心理師是需要執照才可以從事的職業，而參加國家考試之前，必須取得主修臨床心理的碩士學歷，也需要1年以上的全職實習經驗。

獲得諮商心理師資格之後，有些人會進入校園從國、高中輔導老師，或大專院校的諮商師開始累積經驗，也有人會選擇進入社區機構、醫院或諮商所開始工作。取得執照執業滿2年以後，也可以考慮自己開設諮商所。

諮商心理師的收入概況

依照工作地點而有不同。取得諮商心理師執照、受聘於學校的諮商師，月薪約3萬8千元起跳，平均約4萬多，隨年資增加；在醫院或機構服務的薪資也差不多，但成長幅度不高。

而接案型的行動諮商師，若在學校、公家單位或社福團體接案，平均是1小時800～1600元，而坊間的私人診所或諮商所從2000～5000元都有人開價。但案量和費用也和諮商師的知名度有關，因此收入波動相當大。

職人都在忙什麼

雖然大學念經濟系，但逐漸發現自己沒有很喜歡跟數字為伍的工作，因緣際會下開始準備心理所考試的楊嘉玲，在畢業後應屆取得諮商心理師證照後進入校園。目前已有10年的諮商工作經歷。

必備的專業

* 同理心
* 晤談技巧
* 諮詢能力
* 研究與評鑑能力（學校機構）
* 公眾表達能力
* 書寫能力

上｜楊嘉玲的辦公室，同時也是溝通課程的教室，風格溫馨可愛 下｜在舒適溫馨的環境裡晤談，更容易讓個案敞開心房（上、下圖片提供／楊嘉玲）

一般諮商工作究竟怎麼進行？

早期楊嘉玲在學校擔任輔導老師，工作內容和一般機構、診所的諮商心理師一樣，以個案諮商為主。大約會經歷：了解議題→評估個案狀態→了解個案的期待→建立信任→諮商晤談→結案與記錄的過程。

諮商時的從容，靠的是充足準備與經驗累積

諮商師每次和個案對談的時間雖然只有1～1.5小時，但在短暫交流背後，需要充足的準備和經驗的累積。諮商前通常會先收到個案的相關資料，提前了解個案的狀況是諮商師主要的任務。

諮商大多會在簡單舒適的商談室展開，讓個案能在無壓力、放鬆的狀態下，逐步說出自己的困擾。

多次晤談取得信任，幫個案看見問題、學會自己處理問題

楊嘉玲說，面對一個小議題，大約需要6～8次的諮商。初次晤談，先了解個案背景及期待，或搭配一些測驗評估後續商談方針。在第2～4次晤談，通常是建立關係、深入了解對方狀況的「工作期」，在這個階段，會盡可能卸下個案心防讓他說出真正的煩惱，同時引導他發現問題和可能的解法。

最後1～2次的晤談會進行結案工作，給予個案回歸日常的心理建設。「最終他要回歸生活，與普通人互動，所以盡量不要讓他們產生依賴心理，免得生活中受到委屈又回到諮商師身邊尋求寄託。」楊嘉玲認為，一個好的諮商師應該要鞏固諮商期間所建立的成果，引導個案運用資源幫助自己解決問題，讓他獨立面對自己的生命。

一個好的諮商師應該要引導個案運用資源幫自己解決問題、獨立面對自己的生命（圖片提供／楊嘉玲）

每次諮商結束後，諮商師會針對當天的晤談做記錄，直到最後交出完整記錄報告，整個案子才算告一段落。

不斷前進，帶著對生命的深入了解走上非典型之路

「這是個需要不斷前進的行業。」楊嘉玲說，自己年輕時可以靠著滿腔熱血和行動力，與個案密切交流；但隨著入行時間增長，她對人的理解更深入，覺得光靠熱情已無法再帶來足夠的續航力，所以選擇拓寬領域，接觸更廣

如何滿足整班學員的心理需求，讓大家都能接受並有所收穫，也成為楊嘉玲的另一個挑戰（上、下圖片提供／楊嘉玲）

泛的心理工作，走上非典型諮商師的職涯道路。

目前楊嘉玲也開辦溝通相關課程與講座，企圖讓心理工作發揮更大的效益。會選擇授課，是因為她覺得「一般的諮商師道路走久了，有種既漫長又看不到效果的感覺。」於是她開始思考，除了後端的治療，能不能進一步作出預防，而不是等到問題發生才來解決。

所以她選擇踏出諮商室面對大眾，藉由課程、講座建立正向的心理觀念與技巧，能減少心理問題的產生，也讓學生對身邊的人帶來更多正面的影響力，因此她把大部分時間放在課程中。

每週2～3天的課程，除了和學員討論課題、溝通互動，必要時也會有一對一的諮詢。目前一個班級的學員人數約有20人左右，如何滿足整班學員的心理需求，讓大家都能接受並有所收穫，也成為她的另一個挑戰。

靠熱忱創造更高的心理工作價值

比起以前單純的個案諮詢，現在還多了行銷業務、管理、行政工作要處理，卻讓楊嘉玲從這份事業中獲得更大的成就與樂趣。而現今社會大眾對於找諮商師諮商漸漸能接受，她笑說「這是一件好事，不過不代表諮商工作就變得比較好賺錢。」但她樂見其成，雖然走在與一般典型諮商師不同的道路，她仍然會在這份助人工作中繼續帶著熱忱，為自己的諮商職涯創造不一樣的價值。

把文字變成療癒的力量，楊嘉玲也出書，希望能幫助更多讀者（圖片提供／楊嘉玲）

突襲職人包包

❶ 筆電｜所有備課、準備資料都會用電腦進行
❷ 水杯｜大部分時間都在辦公室裡，一定要有一個水杯隨時補充水分
❸ 護唇膏｜每天都需要大量的說話，需要滋潤的護唇膏
❹ 行事曆｜每週的邀約和課程進度，會用行事曆記下來

一秒惹怒諮商心理師的一句話

你們的工作不就是坐在那裡，
聊聊天、說說話，幹嘛要收錢？

心理諮商也是一種專業，看似輕鬆聊天，其實每個問題和每句話都是經過考慮的。不能有特定的立場，而是要引導個案發現自己真正的問題，不能直接給出答案。

投入愛與關懷，撫慰傷者身心——護理師

職場學姐
郁筑

大家眼中的護理師……

不只是傷口的包紮，也安慰受傷懼怕的心

白衣天使，溫柔、有耐心，在病床間穿梭，為病患處理傷口、給藥、包紮、量血壓，總是帶著善意的微笑，給予關懷和安慰。

其實真正的護理師……

表格紀錄與醫護教育也是日常工作

護理師的工作內容，會隨著他們所屬的部門單位、職級差異而有所不同，無論是哪個醫療單位，他們每天的工作都是包山包海。

照顧病患，包括打針、協助服藥和衛生教育等護理臨床工作只是基本，上班時間也得協助病患與家屬的醫護知識教育、解決他們的問題，以及處理病歷紀錄等。

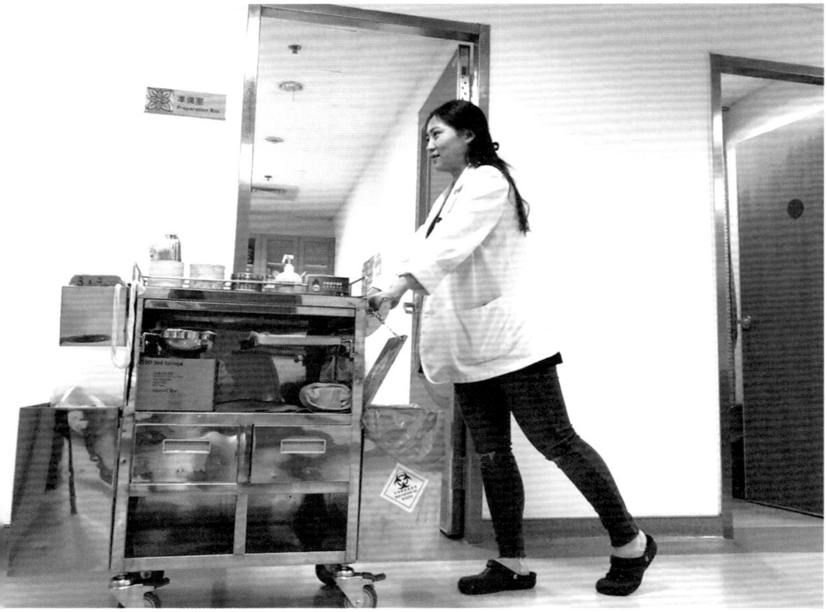

護理師工作車上會放著各種巡房時病患需要的藥品和器具（圖片提供／黃郁筑）

除了一般的照護員工作，護理師有時候也得自己製作衛教海報或影片、充當模特兒（圖片提供／黃郁筑）

如果發生緊急狀況，護理師也必須待命協助手術進行，或是安撫及關懷病患及家屬。

我也想入行！

必須為護理系畢業，才具備護理師考試資格，取得執照後才能進入醫療部門工作。進入醫院後，也會有更多受訓課程需要學習，必須繼續接受教育才能換照，並且護理師也有分級，需要通過特定考試或撰寫報告，才能晉升到更高的層級。

護理師的收入概況

護理師一般是三班制，負責白天的白班（08:00～16:00）、小夜班（16:00～24:00）以及大夜班（24:00～

必備的專業

- *醫藥知識（醫藥用途、副作用）
- *護理知識、指導
- *不能怕髒、血、大體
- *耐心
- *關懷、照顧人的能力
- *細心謹慎
- *冷靜、頭腦清晰

08:00）；白班月薪約3萬2千元起跳，小夜班有額外加給，每個月約4～5萬，大夜班也有津貼，月薪從5萬元起跳。每個月的排班會由護理長安排輪流，但若有薪水的需求，也可以主動包下幾個月的小夜班或大夜班，這種大家比較不喜歡的時間。在一些特殊單位如加護病房等，也有特殊單位加給。三節獎金、年終獎金也有提供。

職人都在忙什麼

郁筑在中國醫藥大學護理系畢業後就考上一般護理師，進入大醫院的婦產科工作，並在工作3年後參加受訓，考取外科專科護理師執照，目前已經進入醫院服務7年，她的一天是怎麼過的呢？

以一般病房護理師的白班工作而言，一天大約是這樣的：

提早到班交接，開始巡房

每天早上7點半或是8點上班，護理師通常都會提前1小時到護理站「點班」，清點相關器械、藥品和醫療耗材，如果有缺失需要詢問上一班的護理師，以便順利交接。

接著，護理師便會開始上午第一份工作——進入病房照顧病人，一般來說，郁筑會負責8～10床病人，若是剛好輪到夜班，所需要照顧的病人可能一次就會暴增至20床，有時候總是忙不過來。

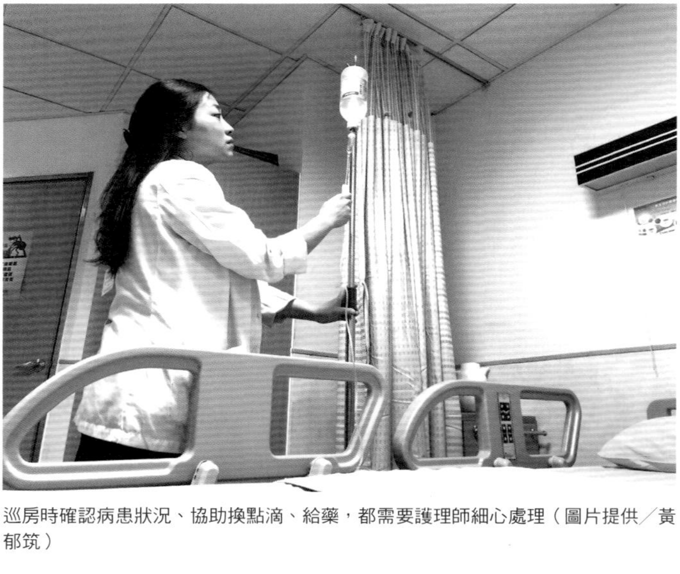

巡房時確認病患狀況、協助換點滴、給藥，都需要護理師細心處理（圖片提供／黃郁筑）

好不容易回工作站坐下，護理師馬上開始準備第二次巡房的藥物和病例資料（圖片提供／黃郁筑）

在問候病人前，郁筑會花點時間大略了解每位病人的狀態，9點開始巡房，給予住院病患要服用的藥物。如果是久臥在床的病人，就得進行相關的治療照護員，協助病患翻身、拍背、吸痰。

巡完一輪負責的病人，執行相關的照護員後，通常一個上午就不知不覺地過完了。回到護理站，確定醫師開的醫囑，仔細和病患核對藥劑，同時確認今日安排檢查的病人名單，指引他們到檢查單位，並且在電腦上詳細記錄工作內容。

解決完病患的問題，郁筑也需要花時間安撫病患，不少病患的家屬也會到護理站詢問相關問題，她也一項一項耐心和家屬解釋與處理，讓他們能夠放下內心的擔憂。

午餐總是沒空吃，乾脆喝飲料補充熱量

護理師時常忙到連喝水和上廁所的時間都沒有，等工作忙完早已過了中午，訂好的便當早已經冷掉，所以有些護理師乾脆不吃午餐，只用高糖飲料解決，抓空檔喝一口補充熱量，就繼續未完成的任務。

午餐休息時間，連椅子都還沒坐熱，又馬上要開始分配下午要給病患的藥物。「不少護理人員其實身體都不太好，因為很難好好吃一頓飯或是上廁所，導致護理人員容易得胃炎或是尿道感染，生理期也很不固定，暴胖或暴瘦的情形也很多。」郁筑說。

下午，另一輪的巡房再次開始，郁筑又要進入病房確認病患的各項數值，幫病患抽血檢測相關的指標，等到忙

完，時間已經是3點半。

下班不準時是常態，整理完紀錄才能走

總算回到護理站，郁筑趕緊開始記錄今日一整天的工作內容，以便交接和整理病理資料。不過因為內容非常細瑣和冗長，這項工作一點也不輕鬆，要花的時間甚至比巡房還久，有時候完成紀錄，早已經過了下班時間。郁筑說起自己還是新手護理師時期，常常弄到5、6點才下班，也看過不少護理師甚至要到7點才能結束所有工作。

像郁筑這樣的病房臨床護理師，一整天都是在記錄和陪伴病人中度過，也一整天都得維持警戒與備戰狀態，下班後也需要透過閱讀和接受其他教育課程來進修，為6年一次的執業執照更新做準備。

郁筑說，自己投入護理師這分工作的幾年來，雖然的確感受到護理行業的血汗，看過了許多生老病死，但透過對於病人的關懷和溝通，讓自己學會了很多事，也看淡了很多人生道理。她無時無刻都在勉勵自己活在當下，珍惜身邊的每個人事物、每個風景。

值班時間結束，護理師才有空開始整理一日的工作內容和交接資料（圖片提供／黃郁筑）

突襲職人包包

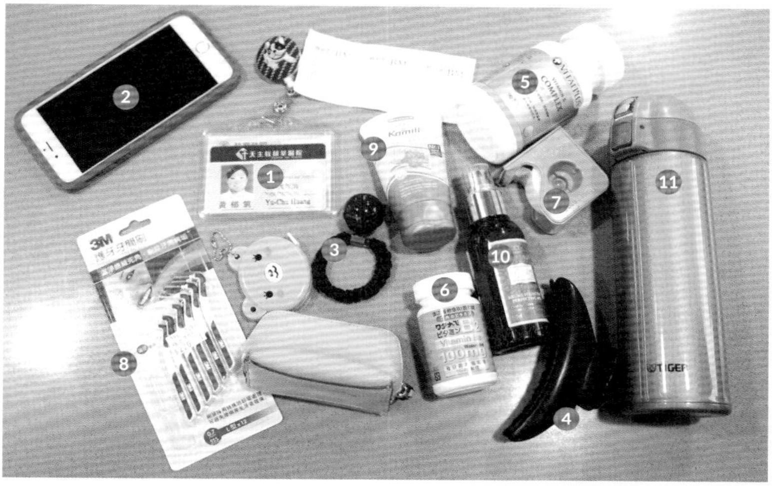

❶ 工作證｜工作時一定要配戴，方便病人辨識

❷ 智慧型手機

❸ ❹ 髮圈和鯊魚夾｜把頭髮整理好、綁好，這樣才好做事

❺ ❻ 維他命｜護理師的作息很不固定，所以更要注重身體健康、補充維他命

❼ 透氣膠帶｜幫病人做管路護理時需要用到，所以上班都要帶在身上。下班後也習慣放一個在包包

❽ 牙間刷｜郁筑本身有戴牙齒矯正器，所以需要如牙間刷等個人口腔衛生用品

❾ 護手霜｜因為會協助醫生進行手術，常需要刷手保持手的無菌狀態，但是同時也很傷手，所以都會使用護手霜保養

❿ 保濕液｜長時間待在醫院與手術室冷氣房中，皮膚會很乾，需要保濕

⓫ 水壺｜水很重要，需要好好補充，好好去上廁所

一秒惹怒護理師的一句話

小姐，我聽不懂你說的，幫我叫醫生來。

一樣是經過扎實的相關訓練，平常幫病患換藥、打點滴，例行照顧也都是由護理師執行，病患和家屬卻覺得護理師比醫師不專業，不願意信任護理師說的話和做的事，讓人很無奈。

用法律和邏輯在法庭上攻防的智者——律師

職場學長

陳致宇

大家眼中的律師……

眾人眼中的金飯碗，正義的化身

作為「三師」之一，律師似乎也是聰明與高收入的代名詞、金飯碗行業外加人生勝利組。穿著黑白相間的律師袍在法庭上滔滔不絕，為了正義而奮戰。

其實真正的律師……

未開庭的時間工作更加繁忙

律師的工作步調非常緊湊，大半時間在開會、開庭，替當事人打官司。在承接案件以前，必須先跟當事人商談案情，或去法院閱卷瞭解進行程度，如果當事人是「在押狀態」，還得三不五時去看守所。除此之外，律師還要負責撰寫法律文件、搜集證據，提供他人法律諮詢等等服務。

我也想入行！

踏入律師行業的門檻是就讀法學院畢業，考取律師證照；其實只要是大專以上學歷且取得律師執照者，基本上都符合法律事務所的徵才條件。只不過律師執照並不好考，每年只有極少數人能通過考試。考上了還要到已立案

法庭是律師們的戰場，也是發光發熱的殿堂（圖片提供／陳致宇）

的律師事務所實習1年，才能取得正式的律師資格。

律師也需具備耐心、冷靜、細心、謹慎、善思考等特點。想成為律師，不妨多閱讀、訓練流暢的文筆及雄辯的口才，對於入行有不少幫助。

律師的收入概況

加入律師事務所、剛入行的律師起薪約從5萬起跳，工作的第一年每半年會加薪5千，第二年起的加薪幅度約為每年5千，事務所律師的薪水天花板約在10萬元左右，但實際狀況仍依每間事務所規定有所不同。

等到有些經驗和口碑後，律師如果願意自立門戶、努力接案，能夠接多少案子、有多少收入就都由自己決定，因此有機會創造更高的收入。

職人都在忙什麼

了解法律、用法律保障人們的權利，律師們站在法庭上滔滔不絕的背後，是為當事人著想的心意，及耗時龐大的準備過程。究竟律師的工作是怎麼樣的呢？從業3年的陳致宇律師來分享律師的一天！

一場對錯的辯論，需要多日的深思熟慮

從開庭數夜前開始，律師就進入備戰狀態，思考在庭上要跟法官說些什麼，才能說服法官做有利自己當事人的判決，或是想好如何在有限的詰問證人時限內，問出有利自己當事人的問題，並針對對方律師的不利提問準備反駁、打擊證人可信度等防禦對策。

必備的專業

- **＊專業的法律知識**
- **＊良好的說服力**
- **＊細心的觀察力**
- **＊隨機應變的反應力**
- **＊流利的口語表達**
- **＊清晰、有條理、歸納式的邏輯思維**
- **＊良好的文筆**

有些案件工程浩大，卷證資料多到需要用大箱子來裝（圖片提供／陳致宇）

總之，律師會對出庭可能遇到的情況沙盤推演，做好萬全準備，還得隨身攜帶紙筆，將瞬間閃過的靈感記錄下來，以備不時之需。

在案件資料龐雜的情況下，開庭是浩大的工程，這也是為什麼有些律師開庭時會用行李箱來裝相關卷宗——因為東西真的很多。一場刑事案件，警方和檢察官往往需要大量的勘驗資料，包含證人及被告的筆錄、開庭紀錄、驗屍照片等。雖然助理可以協助收集資料，但涉及案件本身的資料還是必須由律師親自整理，才能全盤掌握狀況。

到了法院只是乖乖等開庭？NO！戰前情報收集更重要

到了法庭後，陳致宇會再次閱覽卷宗和先前製作的筆記，確認準備的內容足以說服法官。時間許可的話，他還會提早到法庭旁聽，了解位置之餘也能觀察法官言行，看看法官是願意讓當事人暢所欲言的細細審案型，還是重點審理型，決定自己要將事件始末完整陳述還是去蕪存菁，避免講太多不相關的事情讓法官不悅。

法庭不僅是戰場，更是律師發光發熱的殿堂，先前做的一切準備，就是為了在法庭中有最好的表現。開庭時必須眼觀四面、耳聽八方在證人詰問程序時，細細斟酌證人的說詞有無矛盾，畢竟「魔鬼藏在細節裡」，矛盾之處往往就是勝訴關鍵！

下法庭，吃三餐還得配「回家作業」

詰問證人後，除了當庭向法官就證詞表示意見，最重要的就是回去調筆錄、寫書狀了。即便證人在法庭上已經作證，但考量到法官工作量大，證詞過多的情況下，實在不能強求他聽完證詞就全部記得。律師需要用大半時間寫書狀提醒法官，藉此說服法官做出有利自己當事人的判決。

充分了解案件後，法官會在最後一次辯論庭告知宣判時間，判決結果不需要到場聆聽，只要上網查詢判決主文，

每次要上法庭前，律師都需要充足事前準備，閱讀大量資料（圖片提供／陳致宇）

或是打電話詢問所屬書記官就能得知。等收到判決書後，律師會向當事人解說判決內容，並向當事人告知後續程序如何進行。

律師的工作內容並非僅止於打官司，撰寫以及審閱契約也是相當重要的一環。契約與官司其實就像在做水土保持，如果契約條款訂得嚴謹，而且契約當事人確實履行契

並非每個案件都需要打官司，律師會也負責評估狀況，提供委託人最有利的做法和建議（圖片提供／陳致宇）

約內容，其實就不太有機會產生官司；就像水土保持做得好，也不用擔心土石流造成的災害。

24小時待命機動隊！時刻被需要的使命

律師很難有正常的上下班時間，隨時要面對各種突發狀況。法院或地檢署常常來函或電話通知、對方的律師也會寄書狀來，都需要第一時間反應和紀錄。當事人也可能時常有問題詢問，雖然有時候會覺得很疲倦，但因為能理解當事人的焦慮，除非在忙或是已經就寢，陳致宇都會第一時間處理。

律師是一個隨時處於戰鬥狀態的職業。一位律師身上很可能同時有30～50個案子，真的相當忙碌。在服務客戶之餘，律師也需要隨時充實自我，參加各式講座，辦案時碰巧發現其他律師書狀寫得不錯，也會趁機學習用字遣詞，提升撰寫書狀的精確度。

所以，律師並沒有特別的固定行程，如果有約好時間，當天就會與當事人溝通諮詢、前往開庭；沒事就進事務所裡準備案件資料、寫書狀、審契約等等，這些工作內容塞滿了律師的每一天。

從了解案件狀況、與委託人會談，陳致宇都會自己整理成筆記，方便掌握局勢（圖片提供／陳致宇）

突襲職人包包

1 **律師證、各地律師公會會員證** | 律師在各縣市都有專屬的公會，身為公會會員，進出法庭也比較方便

2 **卷宗** | 跟案件有關的資料，準備回家時可以繼續處理

3 **筆記本** | 一本好用、隨時可以整理思緒的筆記本是律師必備的利器

4 **公事包** | 雖然有點破損，但這只公事包是陳致宇工作以來的戰友，陪他南征北討

一秒惹怒律師的一句話

律師是不是沒開庭的時候都在事務所閒閒沒事做？

當然不是，調閱各種資料、了解案情、寫書狀，想在開庭時有好的表現，沒有花時間認真了解案件是做不到的。不用加班就偷笑了……

身障者與長者的生活助手——照護員

職場學姐

阿琴

大家眼中的照護員……

工作事項繁多又辛苦

在公園裡面推著老人輪椅散步、在療養院或養護之家內，照顧老年人或是失能者生活起居，為他們翻身、餵食，或到服務對象家中打掃清潔、替他們洗澡、清理排洩等。對於照護員的聯想大多是「辛苦」、「工時長」、「低薪」、「工作麻煩又包山包海」。

其實真正的照護員……

服務項目區分明確

照護員（照服員）大致分為：24小時的看護、在養護機構工作的照護員，居家照護員以及在社福機構或協會工作的照護員，從事的服務包含身體照護、協助復健、陪同就醫、沐浴清潔等等。

照護員也需要為不方便自理飲食的個案或是獨居長者煮飯、加熱食物、餵食，在吃飯的時候和他們聊聊天，增進彼此的交流，讓他們不再感到孤單（圖片提供／天主教失智老人基金會）

我也想入行！

成為照護員沒有科系限制，只要通過90小時基礎訓練課程及實習，包括基本照護、病症處理、清潔及家務處理、相關法律的認識和機構實習等等，受訓完後，就可以報考國家級的「照護員技術士技能檢定」。

如果是大學相關科系出身，只要取得照顧服務理論與實務相關課程各 2 學分，以及照護員 40 小時實習時數證明，就能夠報考。雖不是必備的入門證照，但考取之後對於就業，及往後的升遷和待遇都很加分。除了基礎訓練課程，照護員日後也會額外接受20小時失智症照護訓練，與7小時特殊訓練，拓寬照護員的工作範圍。

照護員的收入概況

照護員有三種敘薪方式，各不相同。全天候提供服務的看護，以及在機構內的照護員就如一般工作者，最低薪資3萬2千元起，但工時也較長，有些私立機構可能會以比較高的薪資聘請。

而到案家服務的居家照護員則依案件時數計薪，公定價每小時 200 元（107 年10月起全面實施），每個個案服務時數約在1.5～2.5小時不等，平均月薪約在3～5萬之間。社福機構的照護員由督導員視工作狀況派給案家，上手後一天可服務4～6個案家，工時約8小時。

必備的專業

- ＊日常照護員知識
- ＊醫藥／醫療保健常識
- ＊營養照顧及飲食建議
- ＊環境清潔、整理能力
- ＊事故防範與急救、CPR
- ＊溝通能力
- ＊法律知識
- ＊關懷及耐心

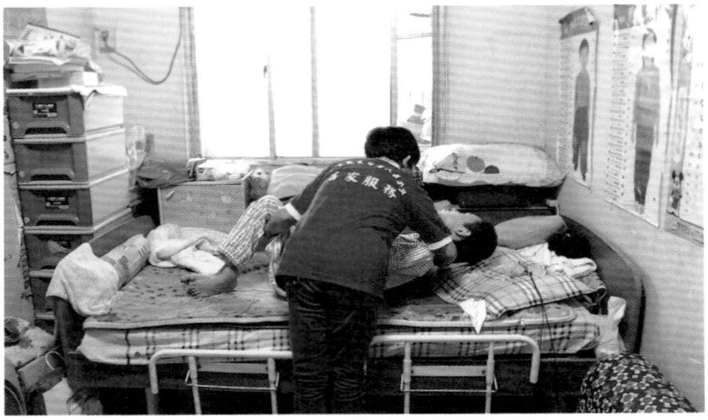

照護員的工作主要依照督導分派，每天會服務4～6個案子，對象包括失智失能患者、行動不便的長者、長期臥床者、精神疾病者等等（圖片提供／天主教失智老人基金會）

職人都在忙什麼

阿琴，現為天主教失智老人基金會的居家照護員，入行約1年，原本從事特殊兒童及成人教育及照護行業已經10多年，因婆婆患上失智症，為了全心照顧婆婆而辭去前一份工作，直到去年才轉換跑道，接受訓練成為照護員，在社福機構從事到案家服務（到府居家照顧、服務）。

從事居家服務，豐盛早餐儲備好一天的活力來源

照護員的工作主要依照督導員分派的個案進行，阿琴平均每天會服務4～6個案子，對象包括失智失能患者、行動不便的長者、長期臥床者、精神疾病者等等，大約每天早上6點多，她就得起床梳洗，準備全家人的早餐。

阿琴每天的早餐都準備得很豐盛，因為自己的案子不少，為了能順利在時限內完成工作，中午沒什麼時間吃午餐，所以她在早餐時會吃得很飽，才有力氣完成每天繁雜又緊湊的工作。

餐後她開始整理自己的包包，拿出工作表核對當天服務的個案和工作項目，把當天服務所需的用品都放進包包裡，騎上機車，前往工作地點。

短時服務、耐心關懷，與長者建立長久的互信關係

這天8點，她準時出現在個案家門口，等著她的是一位60幾歲，中風外加憂鬱症的爺爺。由於行動不便，阿琴今天的第一個任務就是要替他復健和洗澡。和爺爺已經相

處好幾個月，二人的互動早已成了習慣，她進門問好後自然的拿了2顆糖果給爺爺吃，安撫他的緊張和憂慮，接著拿出準備好的黃色彈力帶和一顆球，開始帶著爺爺進行腳部拉抬運動。

有時候爺爺會因為憂鬱而不想做運動，導致復健無法順利進行。但阿琴總是堅持「品質不是最好的要求，只要願意做就好了」，因此每當爺爺開始不想做運動，她便用爺爺喜愛的紅豆麵包作為獎勵，慢慢讓他願意開始嘗試，久而久之，即便沒有任何回饋，爺爺也願意主動進行復健。談起這些，阿琴臉上浮現了一絲滿足，看著個案能夠慢慢進步，對於她來說是件欣慰的事。

與時間賽跑，面對多樣的居服工作，隨時保持細心周到

半小時後，阿琴走進浴室，開始準備爺爺的沐浴用品和衣物、幫爺爺洗澡。「察言觀色」似乎是照護員的基本能力，她需要時常注意水溫和泡泡的流動，還得留意他的動作，擦乾行走的範圍，以免爺爺滑倒。

洗澡加熱敷的工作完成，大約還剩下20分鐘的時間，阿琴拿出了精心準備的兒童玩具，讓爺爺將一個一個彩色圈圈套進棒子裡，當作手部訓練；她也會時不時出一些回家作業，讓爺爺自己完成手部運動。

完成爺爺的服務工作，阿琴便前往下個案家服務地點，陪伴不慎跌倒的奶奶，監督她做復健。阿琴也趁坐著的時間稍作休息，接著幫她抬腿和做腹部呼吸，替她洗澡、泡腳，最後微波奶奶要吃的熱食，叮嚀一些安全事項，工作就此告一段落。

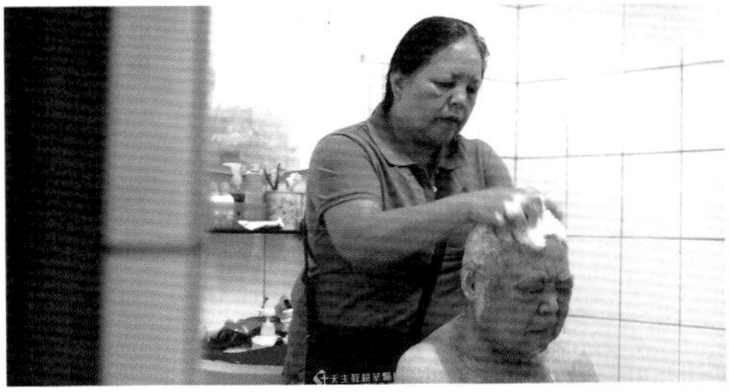

上｜每天案家服務的工作完成後，照護員必須花點時間填寫工作記錄表，協助自己和督導了解服務進行狀況

下｜幫長者洗澡幾乎是每天都會進行的基本照護，細心是服務的基本，需要隨時注意水溫，小心翼翼沖洗，以免長者眼睛不小心眼睛進水或是滑倒（上、下圖片提供╱天主教失智老人基金會）

忙碌了一早上，阿琴中午稍作休息，隨手拿出自己帶的點心當作午餐，匆匆在機車上吃完，馬上又催起油門，繼續下午的工作。

勞心勞力付出之餘，也別忘記照顧好自己的身心健康

下午，還有三位長期臥床的患者在等著她，阿琴替其中一位罹患阿茲海默症的奶奶進行床上沐浴，為她翻身、拍痰、處理臂部上的傷口、換尿布，並且幫忙做關節運動。

一整天下來，阿琴都在進行各種類型的案家服務，在工作表上記錄下今天的工作內容，就完成了一天的任務。下班後，她喜歡到附近的夜市大吃一頓，填滿餓得飢腸轆轆的肚子，或是逛逛夜市裡的10元商店，尋找新奇小物和工作用品，偶爾清閒時，阿琴也會在自家的一小塊地上種菜，是生活中的一種紓壓方式。

二度就業投身居服，學到的遠比付出更多

自由、彈性的工時和工作分配，是阿琴決定加入社服單位成為照護員的主因。一般在醫院或看護機構工作的照護員工時都過長，居家服務不只時薪固定、接案多做多得，而且有交通補助，案家服務中間也有彈性的交通緩衝時間能夠稍作休息，讓她喘口氣。

雖說在外人眼中，照護員的確是個吃力不討好的工作，但對於阿琴來說，這卻是一份「有溫度」的工作，在進行居家服務、與長者互動的過程中，領略許多人生觀與酸甜苦辣，反而從他們身上得到幫助，看著長者在她的照顧下有所好轉，內心充滿幸福與成就感。

有時候長者需要外出，陪同外出的照護員總是在身邊，帶著長者一步一步慢慢走，深怕他們不小心受傷（圖片提供／天主教失智老人基金會）

突襲職人包包

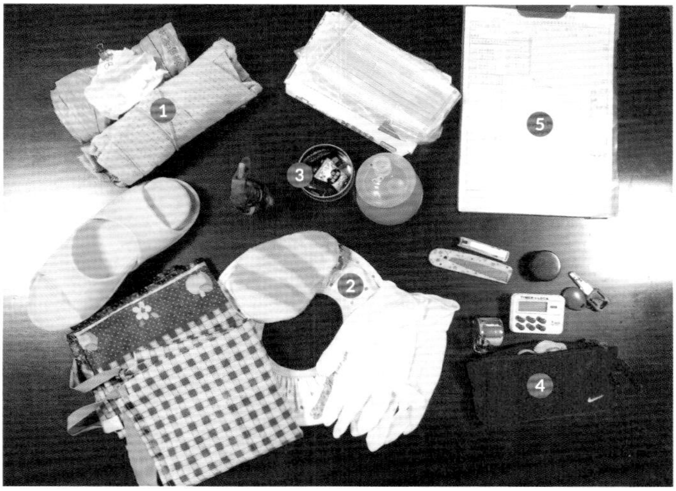

1. 束腰｜照護員必備用具，因為要幫長者拉背、拉筋、做復健、洗澡，或是其他動作幅度大的工作，為了避免自己拉傷，工作時會配戴束腰
2. 頭罩｜幫長者洗頭，為了避免他們眼睛進水而準備
3. 糖果｜有些長者患有憂鬱症，阿琴會隨身為他們準備糖果，緩和他們的不安
4. 服務小工具包｜裡面會放包含時鐘計次器、計時器、指甲刀、案家鑰匙等服務用具，對於照護員而言，工作的時間掌控很重要，所以隨身帶計時器，掌握每項服務的時間，陪長者復健時也會用到，另外還會用計次器記錄長者復健次數
5. 工作表｜包含長者基本資料及服務需求（例如身體清潔、餐食照顧、肢體關節活動、陪同外出、家務協助……），每天任務執行完畢後會在日誌中填寫，每個月也會有一張照護員身心壓力檢測表，記錄服務每個個案的壓力指數，協助自我和督導進行工作評估及調整

一秒惹怒照護員的一句話

照護員的工作，怎麼看起來每天都一成不變？

有不少人可能認為照護員每天都在進行吃力不討好的服務工作，也有人認為照護員的工作看似都是差不多的服務，也沒有什麼變化和新鮮感；但對於阿琴來說，其實每天的工作都充滿不同的挑戰，即便是同一項服務，面對不同長者必須有不同相處方式和做事方法。隨著季節及病況，照護員會稍微調整工作方式及活動項目，隨時提升服務品質，還要著重與案家的溝通和改正錯誤。

職涯穩定，生活與工作相互平衡——公務人員

職場學姐 Jane

大家眼中的公務人員……

時間規律，為大家稱羨的鐵飯碗

國家級鐵飯碗工作，雖然薪水不算非常高但穩定，福利待遇又完善，休假也很多，每天上班就是面對人群處理公事，或是待在行政單位處理行政庶務。不管大環境怎麼改變，公務人員就是「長期飯票」，只要沒作奸犯科就不容易失業，也沒有一般職場的業績壓力，真正的落實「朝八晚五」、「周休二日」。

其實真正的公務人員……

工作事項繁多複雜，依據職位各有差異

一般所指「公務人員」，是經過考試及格，在公家單位任職的人員；而依法從事與公務相關的事的人稱為「公務員」，範圍較廣。

一個又一個招標案件執行排程，寫滿了公務人員的行事曆

公務人員根據所在職系和職等，有不同的工作內容，每天處理不同（或是相同但繁瑣）的行政事項。以一般行政職系來說，業務內容根據所分發的機關、單位和職位不同而有差異，包括：收發公文、檔案管理、文書行政、速記、議事、事務管理、倉庫管理、物料採購、出納、打字、成為上級機關與業務單位的溝通橋梁等。

我也想入行！

想成為公務人員必須先通過國家考試，像是高普考、地方特考等，不過由於每年的缺額不多、競爭者眾，錄取率不高，準備多年卻沒有考上的人比比皆是。

為了通過國考取得公務人員資格，每個人都有一段努力讀書準備考試的日子

若不確定自己是否適合公部門，除了準備考試外，也可以先申請公部門開出的約僱聘、實習計畫的工作，先行了解體系運作，也能對成為公務人員、下定決心為公眾服務而有所幫助。

必備的專業

- *撰寫公文能力
- *相關法規知識
- *電腦打字能力
- *資料管理和文書軟體應用
- *面對民眾的耐心與傾聽本能
- *與同事合作共事、與長官溝通協調
- *問題解決和規劃執行
- *創意思考

公務人員的收入概況

據107年現行公務人員給與簡明表明訂：通過初等考／五等特考的公務人員，每月薪資為30,235元，依照不同職系會有額外的專業加給、特殊加給等等，也會依照考績等級，拿到額外的考績獎金。公務人員可以透過考績加年資，以及額外的受訓課程、考試來升等，以獲得加薪。

職人都在忙什麼

Jane目前在政府部門擔任採購人員，成為公務人員約8個月，算是超級新手。從大學畢業後，她因為沒有特別想從事的工作，就接受父母的提議準備報考公務人員。原以為選了自己有興趣的文化行政，就能好好準備考試，沒想到考試內容和自己本身的專業相差甚遠，讀起來很痛苦，最後並沒有順利考上。

對於公務體系還是抱持興趣的她，試著先踏入制度相近、與政府有往來的基金會工作，工作還算順利，但過低的薪資和週末無休的繁重工作，卻讓她有「被壓榨」的感覺。苦撐1年後，她決心再次投入公職考試，並改考門檻較低、名額較多，但相對錄取率苛刻的一般行政職系。有了在私人企業的慘痛經驗做激勵，奮發苦讀1年後如願考上，並決定長期在這個穩定行業裡好好耕耘。

一般行政：採購人員的日常

朝八晚五的規律生活，正是Jane所追求的，每天早上悠閒的吃過早餐後去上班，就是早晨的例行公事。背起包包，準備迎來她身為基層公務人員的一天。

身為採購組人員，處理採購案的流程是她最主要的工作。政府部門的採購案或是標案，都需要經由採購人員承辦，每當接到其他業務單位的採購需求，Jane是第一個把關者；先審查送來的需求文件，確認資訊填寫無誤，再協助製作成公部門的稿件格式，讓申請者也確認採購內容，確認無誤後公告在政府電子採購網上，供外部廠商領標、投標。正式開標後，再處理後續的行政作業，就結束一個標案。

看似單純卻繁瑣的工作事項

Jane每週都會有2～3個新進標案要處理，年末更有一天內4～5個標案同時開標、議價的狀況，她要依照手

Jane 桌上放滿許多招標相關的文件，也會放一些的療癒小物讓工作時保持好心情

邊各個採購案的性質，協助業務單位排定投標會議日程，進行評選及開標，召集所有已投標的廠商一起到場進行比價、議價。整個投標案的發配就算結束，流程至少2週起跳。

雖然 Jane 的工作主要都圍繞著標案打轉，處理步驟也差不多，但要掌握每個採購案的招標進度與事前準備、其他有關行政大樓之財產管理等，再加上不定時的臨時交辦事項，也讓她忙得不可開交。

作為幕僚性質的公務人員，Jane 不需要和民眾打交道，也很少參與對外會議，只要細心處理每天的行政業務，看似比其他基層人員輕鬆，但 Jane 說，機關的內部公務人員承受的壓力其實也不小。「雖然上頭有人頂著，但基層每天面對承辦的案件都有基本裁量權，不能總是呈報上級，自己也需要膽大心細做決策執行案件。」

話雖如此，工作難免面臨上級「理論派」和下級「實務派」的拉扯，上級機關往往很難想像案子實際執行的狀況，像她一樣做為執行者的基層人員，偶爾也會對上面提出窒礙難行的決策感到無所適從。

沒有回家作業，生活與工作平衡

在Jane的上班時間，可能會因為承辦的案件數變的忙碌或偶而偷閒、也會因為案子順利執行感到愉快、案子卡關而感到頭痛、挫折，不過下班之後，這些都能拋到腦後。

這也是Jane身為公務人員最開心的一點：上班前不需要特別準備，下班後也不會有「回家作業」，工作和生活分很開。回到家就不需要擔心處理不完的業務（因為沒處理完的一天），也較少遇到部會主管或立委民代的訊息轟炸。相較其他研考類或公關類相關的公務員，有些人回家還是要繼續寫報告、寫新聞稿、回覆訊息等等，她可以保有自己的時間，盡情休息、放鬆，生活與工作平衡的剛剛好。

公務人員穩定的職場生活，正是Jane所嚮往的。雖然偶爾也會發生一些令人想翻白眼的無奈狀況，但整體而言工作內容單純。現在的她打算穩扎穩打、好好累積年資和職位，再慢慢往上升等。她也打算利用休閒時間，額外進修相關的訓練課程，為自己的公務人員進修之路累積足夠的底氣。

5點一到，Jane就可以帶著愉悅的心情下班

突襲職人包包

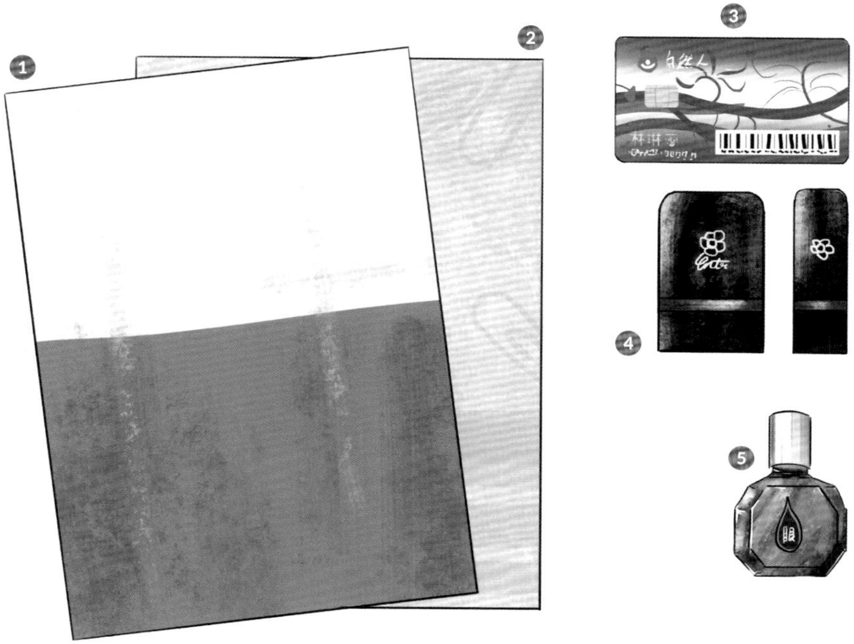

❶ **公文寫作教科書**｜公務人員的函稿、簽呈等都有特定的規範，需要按照這些方式寫作

❷ **政府採購法令彙編**｜「依法行政」也是公務人員保護自己的最佳利器。政府採購案都有須依循的相關法令，不確定的時候可以隨時參考用

❸ **自然人憑證**｜個人的身分證明，也是公務、公文系統的通行證

❹ **職章**｜公務人員的第二生命，蓋上職章就代表要為這項工作負責，所以要收好，不能隨便亂蓋

❺ **眼藥水**｜長時間盯著電腦工作，Jane 會準備眼藥水舒緩眼睛疲勞

一秒惹怒公務人員的一句話

你們就是上班時間看報紙、逛網拍就可以坐領乾薪了啊！

或許有些人很打混，但也有些人努力得要死要活，卻不會因為業績好就可以快速要求加薪和升官；還是得循著年資和考核，逐年緩慢的調薪和升遷。

職場學姐

走遍世界各地，為自己與旅人留下精采回憶——導遊

涵婷

大家眼中的導遊……

旅行即是生活，許多人的夢幻職業

在不少人心目中，導遊和領隊是一生夢寐以求的職業，帶團出國吃喝玩樂還能一邊賺錢，輕而易舉達成環遊世界的夢想，毫無疑問是最令人羨慕的工作！

其實真正的導遊……

出發遊玩前後，還有許多準備工作

導遊的工作內容包山包海，從出發前行前說明會的準備、提醒旅客相關事項、機場接待，在旅程途中除了講解，還得負責處理旅客的大小事，回國後還必須完成旅行報告和結帳資料，才算是將工作告一段落。

導遊工作可以認識許多朋友，也體驗了更多樣的生活方式（圖片提供／涵婷）

我也想入行！

導遊的主要工作是負責講解和行程導覽。領隊則是帶台灣遊客出國時負責處理生活瑣事，確保旅行團一切順利。大部分的線路都會分別配有導遊和領隊，不過還是有某些線路是全程領隊兼導遊。

想要入行成為領隊或是導遊，只要通過國家的領隊／導遊考試即可，最基本的是考華文領隊、華文導遊，但只能帶華語地區（中國、東南亞）的旅行團，如果想帶團去其他國家，就必須加考其他語言的領隊導遊執照。取得證照後還必須經過交通部觀光局的職前訓練，通過最終的考試取得執照才可以帶團，成為一名真正的導遊或領隊！

如果進入旅行社，大多會根據個人背景分配線路，想要入行的年輕人，不妨在準備階段就涉略相關的語言和文化知識，提升進入理想國度帶團的機會。

導遊的收入概況

無論是旅行社聘用或是自行接案的Freelancer，導遊及領隊都是無底薪的，只差在公司會協助處理勞健保，還有可能會安排最少1個月的帶團數量。

再者導遊的服務費有公定的建議費用，例如歐洲線一位團員一天的服務費是10歐元，所以導遊的薪水會與所帶

必備的專業

***證照**
***語言優勢**
***獨立自主的個性**
***照顧人的能力**
***時差調適能力**
***地理、歷史知識背景**
***藝文知識**
***具個人特色的帶團風格**
***人脈的累積**
***認人能力**

的團人數多少、匯率都息息相關。不過這些也包含給當地導遊、司機的費用，甚至餐廳的小費等等，所以實際的月收入更不如想像的多，約莫在3萬元上下。

職人都在忙什麼

從小唸理工的涵婷，原本是航務工程師，沒想到10年前公司不幸遇上財務危機，讓她意識到自身在航空業的未來發展性有限，花了1年的時間成功轉行，目前的她已經是一位資歷豐富的歐美線領隊導遊。

個性使然，涵婷不愛走一般的傳統路線，反倒喜歡帶主題新穎特殊、較有趣味性的旅行團，像是以藝術、音樂、美食美酒、建築為主的旅行團，這也造就了她獨特的帶團風格。

自由接案的好處：挑喜歡的案子做

身為Freelancer的領隊導遊大多是以自由接案的形式工作，像涵婷這樣具有個人風格的領隊導遊，總有不少Case會在同一個時段找上門，涵婷會先花些時間選擇自己最有興趣的工作、和旅行社敲定開團時間，再開始著手準備行前說明會的簡報。雖然離旅程還有1、2個月，但涵婷已經投入工作，為旅程做好準備。

旅途前一週，行前說明會正式舉行，涵婷和團員清楚

上｜從帶團法國紅酒馬拉松開始，涵婷也開始跑起馬拉松，此為東京馬拉松
下｜近年杜拜旅遊行程很受歡迎，衝沙、馴鷹秀等沙漠行程是遊客必訪的體驗
（上、下圖片提供／涵婷）

傳達整個行程和相關事宜後，還得利用說明會結束後，發簡訊、打電話給沒參與的團員，善盡通知責任。出發前一天下午，涵婷會進公司拿旅程所需的零用金、出團前最後行程確認文件與團員資料，做最後一次的行前確認。

出發當日終於到來，涵婷早已整裝完成，出現在機場辦理相關手續，等著與團客相見歡，一行人整隊完畢，搭上飛往歐洲的班機，正式開啟領隊的一天。

出發！在異國的每一天！

清晨5點半，涵婷的手機鬧鐘已經在耳邊響起，催促著她起床，為今天的旅程做準備。

帶團歐洲行的第二天，稍作梳洗之後，一向重視飲食的她，飯店早餐廳一開門就前往巡視菜色，等著接待剛起床正在梳洗的團員們。隨意夾了自己喜歡的食物，享受愜意的早餐時光。涵婷說自己時常和團員一起吃早餐，一起聊聊旅行心得，幫客人點餐講解，或是協助旅客解決一些住宿的難題，早餐時間就這樣充實的度過。

用營養早餐補足體力之後，她回到飯店房間整理行李，順過當天的行程，以及要告知旅客的事項，再度來到大廳集合旅客，搭車前往當天的景點。

一整個上午，涵婷帶著團員走訪許多知名景點，一一講解背後的藝文故事。到了午餐時間，如果餐食自理，涵婷會帶著團員到米其林餐廳用餐，或是到路邊小店吃些當地的特色美食，給予團員更新奇自由的旅行經驗。

下午繼續跟著行程走，涵婷帶團員參與更多獨特的活動景點，如果行程有安排自由活動時間，涵婷喜歡一個人在街區中漫步，感受音樂、建築帶來的氛圍，到小餐酒館品嘗美食美酒，或是為自己的親友買些紀念品，享受個人

視地區國家，旅行團除了領隊還會有當地導遊帶領，但許多路線是領隊兼導遊，稱為Through Guide（圖片提供／涵婷）

獨處時光。

夕陽漸漸落下，一天的行程也即將畫下句點。因為歐洲的用餐時間都比較長，往往晚餐結束已經是晚上10點後，回到飯店稍作梳洗整理，涵婷便會躺在床上放鬆，慢慢進入夢鄉，為新的一天養精蓄銳。如果當天不會太累，涵婷還會利用睡前和早晨，到健身房運動半小時，鍛鍊自己的體能，才能以更好的狀態負荷旅行期間緊湊的行程。

導遊回國就沒事了？還有行政作業要處理！

導遊工作不是在回國的那一刻就結束，在機場與團員告別後，涵婷回到家，拿出電腦開始整理起這幾天的帶團報告和帳目資料交回公司，等到幾天後公司簽核結團，任務才圓滿落幕。

身為自由接案的領隊導遊，涵婷的生活總在忙碌中度過，剛帶團回國後，馬上又要進入下一個案子的準備，這似乎讓她沒什麼時間和家人相處。

「小別勝新婚」涵婷說，親友都知道自己很忙，只要一回國就是緊鑼密鼓的聚會，經營各種關係，就算出國也不會影響與家人的感情。因為他們的支持，讓她能夠沒有顧慮的走向未知的旅程，達成許多自我成就，每次回國總能收獲滿滿的幸福能量。

百塔之城布拉格是涵婷最喜歡的城市之一，就算帶團來很多次，每次都忍不住拍照留念（圖片提供╱涵婷）

突襲職人包包

1. 太陽眼鏡｜出國必備，能保護眼睛又時尚的配件
2. 隨身瓶香水｜方便出國使用的香水，隨身攜帶 3 ～ 4 種，也可以轉換心情
3. 指甲刀｜特別挑選過，可以帶上飛機的指甲刀
4. 喉糖｜身為導遊一定要好好照顧自己的喉嚨
5. 護照和護照套
6. 抗噪耳機與耳塞｜搭飛機的時候希望能夠隔絕噪音，讓自己好好休息，所以需要厲害的耳塞跟耳機
7. 水杯｜除了常講話，國外的氣候也大多比較乾燥，所以需要注意補充水分
8. 按摩滾輪｜偶爾可以拿來滾一滾瘦瘦臉
9. 行動電源

一秒惹怒導遊的一句話

領隊導遊真好，出去吃喝玩樂，出國玩還有錢拿。

很多領隊和導遊都會被這句話惹怒，畢竟這份職業遠遠不如外人想像的輕鬆美好，不過涵婷倒是很看得開，常會和別人說：「是的，我們的工作就是帶大家吃喝玩樂，歡迎大家一起加入我們吃喝玩樂的行列喔！」自我消遣也讓她從事導遊領隊更甘之如飴。

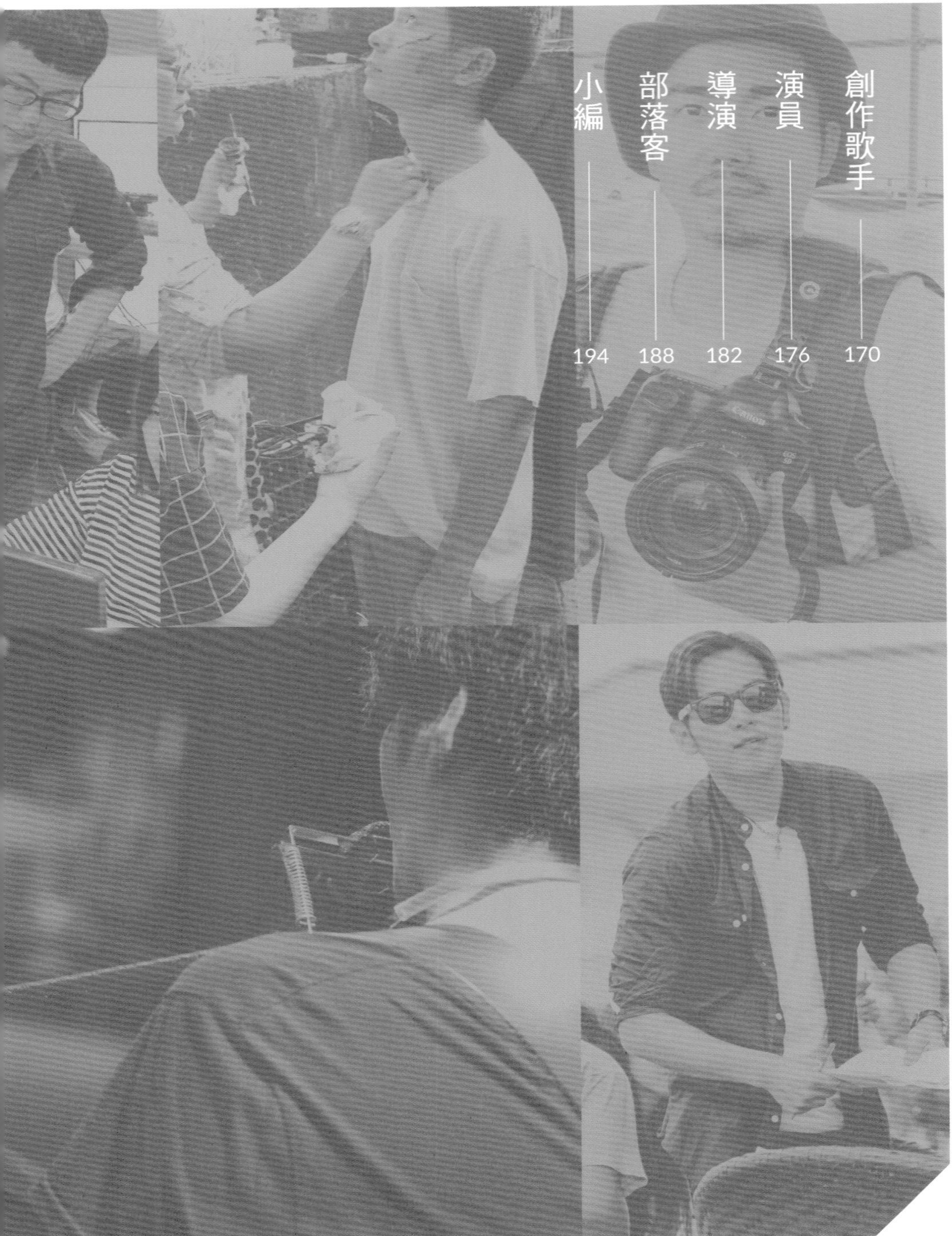

Chapter 04

靠掌聲與關注生存的職業

他們提供的是個人的想法和魅力，他們的成就評價則取決於觀眾、讀者或粉絲的喜愛。有些人透過文字和影像分享經驗和理念；有些人用音樂或表演呈現不同的故事。這些工作，靠大眾的關注而生。

演唱會是熱鬧的，但創作是孤獨的——創作歌手

職場學長

黃玠

大家眼中的創作歌手……

擁有才華又受歌迷愛戴

隨身背著一把吉他，擅長將生活所見所聞化作音符寫成歌，信手拈來就是一段好聽的旋律。創作歌手給人的印象就是很有才華，站在舞台上發光發熱，卻又不像偶像創作歌手那麼有距離感，相當受到歌迷愛戴，尤其是文青最愛。

其實真正的創作歌手……

創作與表演既忙碌壓力也很大

每位創作歌手的創作習慣和作息很不一定，以黃玠為例，他說自己跟一般上班族很不一樣，通常比較晚睡，因為靈感常常在夜深人靜時降臨。雖然沒有固定的上班時間，但他們的大腦隨時都在思考，基本上就是一直處於工

工作室是黃玠的小天地，可以盡情的創作或練琴（圖片提供／風和日麗唱片行）

做出專輯後，為自己宣傳，也是創作歌手的工作之一（圖片提供／風和日麗唱片行）

作的狀態。最忙的就是錄製專輯還有籌備演唱會，宣傳期總是需要跑很多通告、表演和專訪。不過就算沒有特別的活動，還是要不斷的練琴、寫歌，只要寫不出歌，壓力就會非常大。

我也想入行！

黃玠認為，以創作來說，會一樣樂器以及一種編曲軟體就很夠了，不會樂器也沒關係，但熟悉一種樂器比較容易幫助創作。如果喜歡某個創作歌手，可以學好其中一首歌，然後在和弦上做變化，自己練習看看能不能唱出不一樣的旋律，試著把學到的和弦重組。至於樂理，其實不一定要很懂，但懂的話會比較方便！

想被發掘，可以把作品放到網路上，如果作品夠好自然有機會成名，唱片公司或相關人員如果感興趣也可能找到你。另外也可以多認識同樣在寫歌的創作者，像黃玠就是在吳志寧的引領下進入創作的領域。

創作歌手的收入概況

一般創作歌手的收入來源有專輯版稅、演唱會專場，以及商業演出等，創作歌手或許還會有詞曲創作的費用，不過主要的收入仍以商業演出為主；演出的價碼則依創作歌手的人氣、知名度等有所不同，從單場數萬元到數十萬元，甚至破百萬都有。

雖然專場的收入不能跟商業演出相比，但兩者卻環環

必備的專業

＊學會一種樂器和一個錄音軟體

＊以上是技術層面，但創作歸根結柢最重要的還是自己想說的話、想透過歌曲傳達的事情，也就是歌詞！

相扣。創作歌手的專場辦得好，商演的價碼自然會提高；商演壓力小、有收入；專場壓力大，但完成的成就感也大。

職人都在忙什麼

黃玠，1980年出生的創作歌手，在當兵退伍之後被創作音樂品牌「風和日麗唱片行」簽下，出過4張專輯，最著名的歌曲有《你》、《下雨的晚上》還有創作歌手魏如萱也唱過的《香格里拉》。也許不像巨星級的創作歌手擁有千萬粉絲，但他有一群死忠且擁有自己品味的歌迷，講到台灣的民謠創作歌手，沒有人會跳過黃玠。

看似每天都很閒，但醒著就是在工作

創作歌手沒有固定的上班時間和地點，工作週期也很不規律，比較難用一天的時間單位來衡量。黃玠說，他常常一整天下來什麼事都沒做，但只要醒著就會一直思考某一段旋律和歌詞要如何發展，偶爾想到什麼好的字句就紀錄下來，可能累積了很多小片段，但就是無法完成一首完整的歌。乍看之下好像一整天都沒有產出，但其實也根本沒在放假，因為創作的壓力一直在。

我也想當創作歌手，但歌曲到底怎麼寫？

黃玠是以歌詞為中心的創作者，他說，好的歌詞會讓一首歌有靈魂、有說法，一個很普通的旋律搭配一組很強的歌詞，一樣會打動人。

黃玠創作時習慣定一個主題，例如某種社會現象；有了主題後再選擇歌曲的風格，可能是歡樂的，或是悲憤的路線，接著再想歌曲的結構，例如拍子、和弦要怎麼安排、前奏或短或長、中間要不要有間奏或是轉調……

黃玠的歌曲有一半的詞曲會同時完成，但他說這種情

上　錄製多種樂器編制的曲子，需要與其他樂手們一起合作、討論　下　錄音時黃玠會負責吉他的錄製，而樂器演奏多半會跟演唱分開錄製（上、下圖片提供／風和日麗唱片行）

除了吉他，黃玠也時常會帶上口琴一起演出，讓曲風有更多樣的變化（圖片提供／風和日麗唱片行）

準備專場演唱會時，除了練團練唱，黃玠也會參與演唱會的主題和視覺設計的討論（圖片提供／風和日麗唱片行）

況可遇不可求，也有一些曲子寫好放了3年才填詞。平常他也會隨手記錄一些想到的韻腳或句子，有時在騎車時靈感閃過，就會路邊停車，馬上用手機記下來。善用工具建立自己的音樂資料庫，對創作歌手來說是很重要的！

籌備演唱會也是個大工程！

對於創作歌手來說，一個瞭解你、照顧你，並且讓你完全信任的唱片公司相當可遇不可求，風和日麗唱片行之於黃玠便是如此。黃玠說，他跟風和日麗很合拍，在討論專輯或演唱會的主題時，公司永遠不會叫他做他不想做的事，而他在發想自己的創意時，也知道公司的底線在哪裡。

黃玠的所有演唱會都是由公司和他一起規畫，但他覺得，企劃的部分由公司負責越多越好，他就可以專心當一個創作歌手、創作者。以籌備演唱會來說，他們會先想好一個主題，可能是新專輯的歌，例如「尋找黛安娜」巡迴就是以《Diana》的故事作為藍圖；2018年的巡迴主題是「冬。Love Me」，則是因為黃玠很喜歡冬天。

主題確定後，黃玠就會開始和公司一起安排歌單，討論用哪首歌做為宣傳主打、要請哪些樂手、需不需要鍵盤手，如果有幾首歌比較安靜，需不需要弦樂或手風琴？再看看預算表是否可行，但原則還是盡量不要賠錢。「畢竟這是我們的工作，沒有人麵線成本15塊賣12塊的吧！」除了演唱會本身的節目內容以外，黃玠還要安排時間去定裝、拍宣傳照，之後就可以跟樂手練團，等著彩排及表演。

以黃玠在華山Legacy舉辦、可容納1千人左右的專場演唱會來說，籌備過程從頭到尾花了4個月，2016年的TICC演唱會是他目前辦過最大的演唱會，籌備耗時1年；黃玠說，其實不只音樂與表演，視覺和宣傳流程都是他和工作團隊的集體創作。

演唱會是熱鬧的，但創作仍然是孤獨的

演唱會結束後，回歸日常生活的黃玠，生活的作息大致上是這樣的：一天通常從中午開始，下午會去工作室，晚上6點運動健身，之後回工作室摸一下或是回家，深夜的時候創作，天亮了才睡。

對於創作歌手來說，籌備演唱會是一場大規模的硬仗，打得好，賓主盡歡；寫歌則是創作者內心的長期抗戰，唯一的隊友是自己，沒有人知道你每個深夜都在為靈感打仗；這場戰爭既孤獨且沒有終點，也許這就是創作歌手的使命。或許某天你在這條孤單的路上回過頭看，會發現好多人都在為你寫的歌喝采。

從專場演出的主題，觀眾們也可以略知黃玠近期的想法和生活體驗（圖片提供／風和日麗唱片行）

突襲職人包包

1 彩色格子帽｜日本買的，雖然知道自己不可能戴但是太喜歡就買了
2 三眼怪包｜裝口琴用，先弄髒就不怕弄髒
3 碎紙片｜想到的旋律用紙寫下來放在皮包裡
4 金屬手環｜喜歡手環，皮或布製會發臭，所以選擇金屬製手環，購於師大夜市
5 6 口琴架和口琴們｜表演必備，每次出發前都要反覆確認怕漏帶
7 條紋吉他背帶｜和 chums 合作時收到的贈禮，一直在使用
8 菸 9 兩個簧片的迷你口琴｜朋友出國買給黃玠的紀念品
10 墨鏡｜覺得饒舌創作歌手應該要有就買了
11 拍立得｜都放在皮包裡，其實很少拿出來看
12 下雨的晚上筆袋｜歌迷做給我的，我拿來裝表演雜物
13 捲菸紙、濾嘴、菸草｜想戒菸就抽捲菸，因為很麻煩
14 筆記本 15 黑手錶｜光南買的卡西歐 499，歌迷說是女錶我才知道是女錶
16 鑰匙圈｜老闆送的，煙灰缸功能
17 舊 iPod｜2005 年買的，黃玠覺得很貴，但是很潮很好用，退伍送自己的禮物
18 摺疊傘｜保護黃玠度過每個下雨的晚上

一秒惹怒創作歌手的一句話

寫一首告白氣球（那樣的暢銷歌曲）來看看啊！

通常會講出惹怒我話的人都跟我不太熟，但那是因為他們不了解我在做什麼，就算說「寫一首告白氣球（那樣的暢銷歌曲）、會『中』的歌來看看啊！」也不太生氣，反而覺得滿好笑的。

扮演多重角色，體驗各式人生——演員

職場學長
姚淳耀

大家眼中的演員……

被眾人追捧的耀眼星星

可以演到很多不同的角色，只要一喊 Action 就馬上變成不同的人。可以到不同國家參加影展走紅毯，享受眾人的掌聲，演一部電影可以拿到幾百萬的片酬！

其實真正的演員……

台下所練的苦功，只為完美一刻的演出

大家看到演員的時候，其實已經在戲劇作品的最末期了！開拍前，戲前準備是非常重要的工作，演員除了背劇本，也會做很多的研究，才能充分了解一個角色，而在實際拍攝時，就要像超人一樣，長時間待在片場以及快速的在不同場景中演出角色。演出的作品上映前後，也要配合宣傳出席各種活動。

我也想入行！

演員最重要的是「讓別人認識你」，機會就會自己找上門。最正統方式的是念戲劇類科系，透過學校老師、學

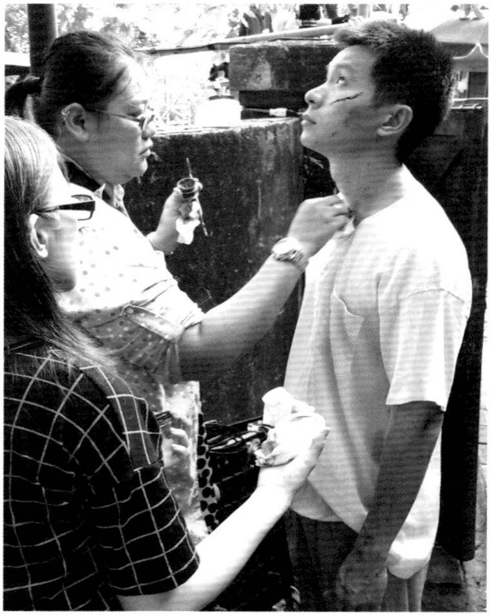

拍到打鬥的劇情，需要用一些特效化妝製造傷口，讓視覺效果更好（圖片提供／《燦爛時光》）

進校園推廣或分享拍攝的影片與演出心得，也是演員的工作之一（圖片提供／《燦爛時光》）

長姐引薦，會有機會參加演出累積作品，建立起戲劇圈的人脈。從每次合作中認識一些編劇、導演和工作人員，許多演出機會就是這樣慢慢累積出來的。

如果不是相關科系，初步可以從各種短片、劇場的角色徵選著手，有許多影視科系的學生會釋放徵選演員的訊息，他們的目標是參加以學生或是新導演為主的影片競賽，作品的曝光率也會比較大。

總之有機會就盡量嘗試，讓別人認識你是最重要的事。

演員的收入概況

演員的收入可以先依演出內容區分，例如拍攝廣告的費用通常會略高於戲劇類。

而從演出角色來區分的話，最初階的群眾演員（臨演），扣除經紀公司的抽成，一天的演出費用實際可得約 500 元；到了會有畫面或台詞的特約演員，依照演出比例的多寡可以分為小特、中特、大特，收入也從小特的 600 元到大特的 1500 元。演出主要角色的階段，則會以工作時間、集數或整支影片來談片酬，年薪平均下來略高於一

必備的專業

- **＊真誠、認真的準備每一個角色**
- **＊忍耐、抗壓性強**
- **＊不帶偏見去看事情，即使遇到很煩的人也當作是觀察的好機會**
- **＊不要怕**

擔任行腳節目主持人的經歷，都成為演員工作的養分（圖片提供／《在台灣的故事》）

般上班族，等到知名度與實力都更高，片酬也會再往上成長。

不過當臨演、特約演員的時期不僅工時長、薪水也不高，因此有許多人會同時兼職其他工作，以維持基本收入。

職人都在忙什麼

從《一頁台北》到《奇蹟的女兒》，今年33歲的姚淳耀已經演出過無數作品，囊括電影、電視還有劇場，曾以行腳節目主持人獲得金鐘獎的他，其實是個貨真價實的演員。

留意劇本小細節，成為演出時的定心丸

演員的工作從得到角色到開拍，都是做劇本功課的時間，但時間有多少說不準，可能有1個月，也可能只有2～3週甚至幾天。所以演員從得到角色的這一刻起，就開始理解、創造這個角色。每個演員對於劇本功課都有不同的習慣，也沒有一定準則。例如姚淳耀會分析時代背景、角色的目標，也可以真的去做田野調查，觀察、訪問相關人士，或真的跟角色類似狀態的人混成一塊。

劇本功課也是創作的一部分，演員會不斷的思考這個角色的樣子，像在捏一個面具一樣。姚淳耀分享，他會特別關注一些不起眼的小細節，這些劇本裡不會明確定義的細節，有時候更是形塑角色的精髓。

「譬如這個角色抽什麼牌的菸、平常穿什麼類型的內褲。」唯有想過這些細節，在戲中即使遇到即興的狀況也

不會覺得慌張，知道自己做的準備已經夠了，任何演出都會符合這個角色，這樣一來自然就會有好的演出。

上戲，戴上面具後的完美詮釋

角色的面具捏好了，到了正式拍攝的時候就可以把面具戴上去，盡情的表演享受當下。在現場的時候需要保持進入角色的狀態，因為通常不會照著劇本順序進行拍攝，這時候就得花一些功夫思考每場戲的前後關係。

拍攝時間會因為不同的戲劇類型長短不一，從一週到半年都有可能，期間每天的平均工時約在14~18個小時，除了長工時外，為了場地、天氣、拍攝進度等因素，需要在非正常時間起床，或是冬天拍夏天的戲也是家常便飯，所以要成為一個好演員，擁有強健的體魄是很重要的！

上｜拍攝的空檔，演員們會對台詞，或聊天 下｜因為拍攝檔期或進度等因素，演員們在冬天拍夏天的戲都是家常便飯（上、下圖片提供／《燦爛時光》）

拿到劇本後，姚淳耀會抓緊時間讀劇本、筆記問題和對角色的理解（圖片提供／姚淳耀）

下戲，又是下一個故事的開始

拍攝期結束，演員的工作幾乎就告一段落，將作品交棒給後製人員進行，演員可以進入下一個劇組。因為後製期的時間長度不等，可能會等待1年甚至2年，等到作品即將發表時，演員才會開始宣傳行程。而宣傳活動就是依據宣傳人員的安排，直到作品播映結束，才算是結束一個案子。

化被動為主動，積極充實的等待時光

「等待」是每一個想成為演員，或是已經是演員的人，都會不斷遇到的情況。演出機會需要等待、戲與戲的間隔也需要等待，而且這樣的間隔是很難看到終點的。被問及當演員最討厭的事情時，姚淳耀說：「應該是等待吧。」不過隨即又補充「我覺得那不全然是等待，是準備。」

用準備的方式看待戲與戲的間隔，是轉被動為主動很好的方式，譬如「觀察」。姚淳耀分享他會把特別的人事物記下來，然後自己練習再演一遍，當在做這些事情的時候，心裡想著這些都是未來可能會遇到的角色。

伴隨無限期等待而來的，許多人會給自己設一個期限，如果沒有達到目標就放棄離開。姚淳耀也曾經設定過期限，後來他轉念一想，難道沒有「正在演戲」就不是演員了嗎？現在不設定期限後，反而不拘泥於只做演員，而是同時嘗試其他的工作形式，在不同工作中，補充自己的養分，這都是想當一個演員的時候，可以保留的彈性。

「如果想當演員，就會拼盡所有也要成為演員啊！」姚淳耀笑著，為自己的投入下了最有力的註解。

左｜演出的電影在電影節放映，演員也一起出席活動（圖片提供／香港國際電影節）
右｜以主持人身分拿下金鐘獎後，姚淳耀並不戀棧，回歸最想挑戰的演員工作（圖片提供／金鐘獎）

突襲職人包包

❶ 香蕉｜平常就很愛吃，上戲前不想吃油膩的東西，也會先吃香蕉墊墊胃

❷ 手機｜除了日常聯絡，也會當作筆記本使用，會拿來拍攝類似角色的人物做參考，或者錄一些可能是角色會說的話和語調

❸ 劇本｜準備角色功課時會在劇本上做筆記，演出前、演出時也都會帶在身邊

❹ 電影表演書｜已經看過無數次，但每次拍戲前都會再拿出來讀，會讓自己更有「表演的感覺」，自己的演出聖經

❺ 耳機｜拍戲時的台詞和語言，會錄下來用耳機重複聽和練習

❻ 墨鏡｜陽光很刺眼時遮陽用，平時用不到就不會戴

一秒惹怒演員的一句話

你是演員喔，那你現在哭得出來嗎？

這句話讓人覺得你很不尊重演員這個職業，表演是一種工作，我有沒有這個能力，又為什麼要在你面前「表演給你看」呢？

化無形為有形，給世界美好視野——導演

職場學長

呂策

大家眼中的導演……

整個劇組的掌舵者

在很多人的心目中，導演是片場裡光環四射、充滿魄力的絕對實權者，坐在專屬的導演椅上就能呼風喚雨，捲起劇本指揮現場所有人，連大牌演員都必須乖乖聽令，演出NG或是通過都在導演掌控範圍內。導演可以決定整個影片的面貌，是個需要揮灑才華能力的重要工作。

其實真正的導演……

從實拍到宣傳，缺一不可

前期從評估案子是否合適開始，接到案子以後，持續跟廠商溝通、討論拍攝風格或方式、敲定演員、確認拍攝場景跟檔期；到實際現場拍攝的場面調度、每個鏡頭到底NG還是OK，以及最後進剪接室跟著剪接師、錄音師一起工

導演是主導整個現場的靈魂人物，是非常需要經驗跟溝通能力的角色（圖片提供／呂策）

每拍攝完一個鏡頭，導演都需要仔細確認一次畫面（圖片提供／呂策）

作，最後才能產出一支完整的影片。後續也有些宣傳或者參加競賽的機會，也需要導演配合或把握。

我也想入行！

以廣告或電影導演為例，大多來自電影、電視及廣告的相關科系，在學習過程中磨練出導演的觀點跟技術，可說是培育影片創作者的搖籃。不過作為創作者，最快被看到的方式還是讓自己的作品被看見，參加各種微電影競賽、影視比賽和電影節等等，都是可以一試的方法。

另外，了解自己喜歡什麼和自我的特色很重要，因為做商業案的導演壓力相當大，可能常常會做到想放棄，所以對導演工作的熱情是很重要的。

必備的專業

- **對影像的敏感度、感性度**
- **掌控拍攝現場**
- **帶出演員情緒**
- **熟悉影片拍攝流程、技能**
- **溝通協調能力**
- **企劃案的發想與撰寫**
- **品牌行銷推廣與管理**

導演需要跟演員討論出適合的表現方式，才能讓影片發揮最好的效果（圖片提供／呂策）

導演的收入概況

現在的廣告拍攝案不像以前總預算動輒1百萬～2百萬，大多都是以前的一支專案切成3～5支、一個系列拍攝；有些網路影片也以創意概念為訴求，質量要求就不會這麼高，預算也會減少。

對新導演來說，一支片的收入約3萬～10萬，有名的導演則是10萬～20幾萬都有，但拍攝時間、專案的難易程度，也都會影響導演的費用。

對一間4人的工作室而言，一個月約1～2支中型案件（30萬～40萬左右的案件）或者是多支小型案件，才會有利潤。否則扣除器材、道具等成本後，導演的收入並不高。

職人都在忙什麼

今年37歲的呂策是一位廣告、網路電影導演，進入這一行已經8年。導演的工作分作前期、拍攝跟後期製作，呂策這次分享的就是在拍攝期的一天。

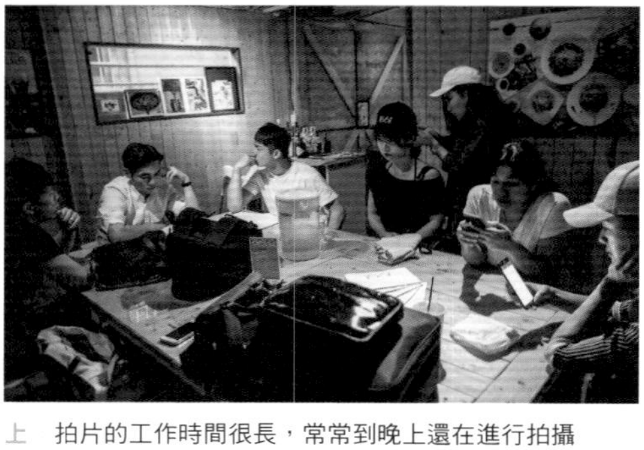

上　拍片的工作時間很長，常常到晚上還在進行拍攝
下　通常導演都會有自己熟悉、固定的合作團隊
（上、下圖片提供／呂策）

時間就是金錢，搶光、搶時間最重要！

整個工作團隊的作息時間要看拍攝的行程，如果當天有外景，可能早上6～7點就需要集合出門，抓緊天氣合適的時間拍攝。如果沒工作，呂策會睡飽一點，不過通常還是會有許多聯絡事項要處理。

前往拍攝地點時，導演通常會跟著製片組的車，在車上再確認一下腳本跟rundown（拍攝流程），或者抓緊時間稍微偷偷補眠。到達拍攝現場後，等確認各組人馬到位，開鏡（第一天開始拍攝）時基於對習俗的尊重，會由導演帶著大家拜拜，祈求拍攝順利。

上｜導演有時候也要自己示範給演員看，說明想要的演出效果 下｜就算有分鏡，因為現場環境或突發狀況導致拍攝狀況調整，導演都需要能隨機應變（上、下圖片提供／呂策）

所有工作的流程中，通常最累的就是拍攝當天。工作團隊各組都是算「班」（8小時一班計費）。一支影片通常需要兩班以上的時間，也就是說每次至少拍16小時以上，複雜一點的廣告片拍2～3天也很常見。若超時的話，無論是演員、工作人員或器材，都需要付超時費，因此如何掌握拍攝進度、遇到光影或天氣變化是否繼續拍攝，也都由導演決定。

除了用畫面說故事，導演最重要的工作：與現場人員溝通

開始拍攝時，導演是主導整個現場的靈魂人物，非常需要經驗與溝通能力。因為廣告的篇幅較短，導演必須在短時間內將內容傳達給觀眾，所以整支影片的美術、效果和節奏感導演都會很重視。為了達到這些目的，具備領導力，以及能和其他工作人員有效溝通是很重要的。

拍攝最怕的是遇到很難的腳本，基本上有三種拍攝起來比較有難度的題材：小孩、老人和動物，因為這些角色是最不受控制的，溝通效果有限。

導演通常會在現場跟攝影師密切討論下一鏡要怎麼

拍，以及拍攝的手法，製片則負責協調溝通現場的執行狀況，簡單來說，攝影師是導演的眼睛，製片是導演的雙手。

依照影片的需求，也常常需要跟不同的人員合作。例如空拍師可以操作空拍機，從高空角度拍攝畫面。

細心檢視每個片段，因為拍完就很難修改

拍攝完一個鏡頭，導演會確認一次畫面，沒有問題才繼續拍下一個鏡頭。因為每個畫面可能都需要調整器材和道具，就算事後發現有問題可能也沒時間補拍，因此每次拍攝確認有沒有東西穿幫、道具是否不連戲、演員情緒和鏡頭鏡頭效果是否OK都非常重要。

會出外景通常是有大太陽的好天氣，場務組會給導演遮陽的簡單裝置，不是導演比較厲害所以要幫他遮陽，而是如果導演倒下了，後面的拍攝工作就無法進行下去，可能還會因為延誤時間增加拍攝成本。另外遮陽棚也可以讓導演在確認畫面時比較不反光。

一天的拍攝結束前會再次確認檔案有沒有問題，然後製片和場務會留下來整理現場，並且結清一些場地或器材相關的費用。呂策開玩笑的說，導演最好身上也要帶點錢，以免製片和場務付不出錢回不了家。

至於幾點可以回家，也是拍攝進度說了算，凌晨才到家是家常便飯。呂策說，回到家的自己通常已經是意識不清的狀態，但如果當天拍攝順利的話，就可以抱著滿滿的愉悅跟期待睡著。

「殺青」之後，現場的拍攝工作才算是正式結束，接著等著他的，就是剪接室的後製工作了。

上｜在拍攝現場，攝影師是導演的眼睛，製片則是導演的雙手 下｜一天的拍攝結束前，導演會再次確認檔案有沒有問題（上、下圖片提供／呂策）

突襲職人包包

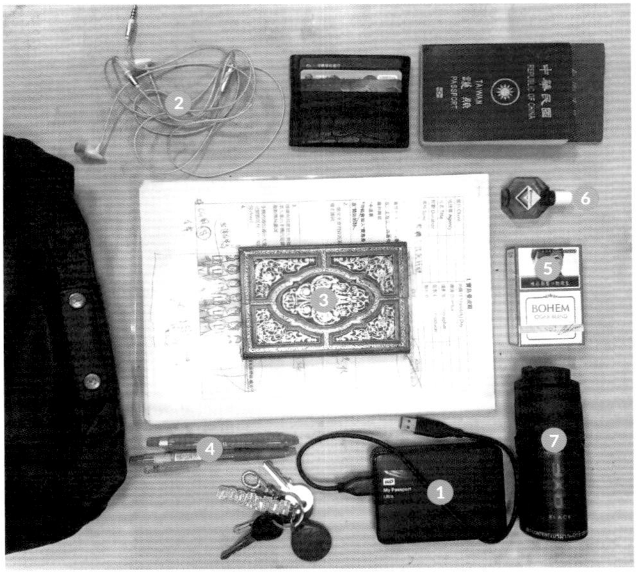

1 外接式硬碟、隨身碟　用來備份拍攝的檔案、各種版本的影片及相關文件
2 耳機　除了平常自己拿來聽音樂，拍攝時也一定要帶，監聽聲音用
3 筆記本　呂策會把每個案子的注意事項或時程記錄下來，空白筆記也方便隨時畫下鏡位圖，或與拍攝相關的任何想法
4 原子筆　一般來說呂策會放一組鉛筆和橡皮擦方便筆記或畫圖，如果沒有的話一定也找的到原子筆代替
5 菸　呂策覺得定時「呼吸」一下，有助於整理思緒
6 眼藥水　常常要盯著螢幕監看，偶爾會點眼藥水解決眼睛乾澀的問題
7 香體噴霧　個人小物，呂策喜歡讓自己的身上有清爽的味道，也保持好心情

一秒惹怒導演的一句話

我們預算不是很夠，能不能幫忙一下？

明明沒有預算，但找了國外拍攝預算不知道多多少、效果超厲害的廣告影片，希望可以做到跟人家一樣……

自己就是最佳品牌代言人——部落客

職場學長

貝哥

大家眼中的部落客……

吃喝玩樂不用錢

「部落客好爽喔！吃喝玩樂都有人招待，去享受還有薪水，哪裡找這麼好的工作！」看起來不像在工作，做的也是自己喜歡的事情，擁有高自由度，工作同時還能兼顧樂趣，令人羨慕！

其實真正的部落客……

享樂的背後是辛苦的經營

一篇刊載在部落格裡的文章，從文章主題規畫、找合作廠商、出國旅遊採訪；到正式撰文的修圖、文章編寫、廠商校稿、成效回報，以及事後分析網站流量數據、在社群與粉絲互動，都必須由部落客自己親力親為。

旅遊部落客工作時也可以兼顧興趣（圖片提供／貝哥）

我也想入行！

部落客沒有門檻，文筆不一定要好，也不一定要會拍照，只要有一台電腦，選擇現有平台或自行架站，人人都可以當。但收入穩定、甚至優渥的只有一小群頂尖的部落客而已，想成為其中之一，個人特色與專長就顯得非常重要。

將自己的性格特性融入寫作之中，選擇自己擅長並且感興趣的題材，創造自己的獨特性與個人定位，才有機會吸引讀者注意、達到穩定的觀看流量。

不過持續寫作往往是部落客起步時最難做到的事，如

旅遊部落客很重要的工作是運用精采的體驗照片，讓讀者身歷其境（圖片提供／貝哥）

必備的專業

* 文字能力
* 修圖、排版、美編
* 閱讀習慣
* 熟悉網路語法
* 流量掌控及平台推廣相關技術
* 掌握話題及輿論趨勢的敏銳洞察力
* 多方資訊取得與統整
* 企劃行銷
* 溝通力
* 故事營造
* 高EQ、人際手腕
* 恆心

果有心想當部落客，可以從學生時期就開始經營和寫作，畢業後或許就能直接成為專職部落客；但如果是畢業後才有心想往部落客發展，建議先找穩定的工作再慢慢投入經營，從中找到收入來源。

部落客的收入概況

部落客是自由工作者，收入來源由自己創造，因此面向很廣、但也不穩定，大致有：廣告收入、流量收入、一次性業配、代購、商品、網站導購、聯盟行銷等。另外，有些部落客可能還有書籍出版的版稅、演講，以及活動等收入。

一般來說，每日網站流量能達到2萬左右的美食或旅遊部落客，若懂得營利模式的操作方式，月收入能達到近10萬元。但若是剛起步的部落客，月收入可能只有幾千元，因此想以部落客工作做為主要收入來源，需要下一番功夫。

職人都在忙什麼

現年32歲的貝哥是一位旅遊部落客，經營「貝哥照玩誌」旅遊部落格。成為部落客之前，他曾在連鎖電影院上班，接洽不少影評部落客，耳濡目染下也開始在自己的部落格寫起了影評。但由於台灣的影評市場較小，很難有不錯的收入，於是2011年開始寫旅遊文章。他試著從沖繩出發，沒想到系列文章大受歡迎，點閱率驚人，終於在2014年他轉為專職部落客，以國外旅遊文章為主，全力投入部落格的經營，至今累積人氣已超過3千萬。

身為旅遊部落客，貝哥出門在外總要帶著許多攝影器材（圖片提供／貝哥）

身為小有名氣的部落客，貝哥的生活總是圍繞著工作打轉，一早起床最先做的事情，就是滑手機進行眼球及手部運動，瀏覽每天的邀約信函、回覆相關的訊息，梳洗用餐後，他開始檢視前一天的報表和流量數據，確定自己的每日收支，接著就開始進行每日的工作重點——修圖、寫文章，偶爾空閒也會發發社群貼文，和粉絲互動，剩下的時間，貝哥就會根據手邊的案子規畫行程。

重點一：每趟旅程都要做好全面的規畫！

主攻海外旅遊的貝哥，當接到客戶的合作提案或旅遊邀請，會與對方進一步洽談希望介紹的內容、可以提供的素材等等。雙方達成共識並簽約後，他會認真研究這趟旅程還可以安排哪些食宿、玩法或景點，畢竟一次出門就是一次成本。貝哥分享，他第一次去沖繩，只去了4天，回來就寫了20篇文章，都有賴事前的規畫。

因為必須邊玩邊工作，所以找到合適的旅伴也是很重要的課題（圖片提供／貝哥）

大約有1個月時間好好規畫行程、構思相關的素材呈現方式、也準備好需要的器材之後，帶著行李，就可以出發拍攝、取材了。

重點二：認真工作認真玩！

雖然出國旅行是為了目的性的工作，但貝哥還是很重視生活品質及享受旅程，所以他採取的方式是簡單記下相關資訊、確認各個景點、食宿的資訊跟規畫時是否有出入、拍好需要的畫面，回國再進行後續工作。「我曾經也很熱血，為了旅行寫作還特別買了小筆電，沒想到每晚回到飯店，根本連打開電腦的力氣都沒有。」貝哥笑著說。

不過也因為貝哥的旅遊行程都安排的很充實，回國後還不能放鬆，直接進入趕稿的修圖、寫文章模式，因為大量的資訊不趕緊寫下來，要是忘記就糟糕了！文章基本上要在2週內完成。最後剩下的就是等待廠商校稿、文章發布後進行宣傳，並且追蹤成效，這樣才算是工作結束。

重點三：主動出擊！自主提案

不過部落客也不是無時無刻都有案子可以接，在沒有案子的情況下也需要主動出擊，才有新的題材可以撰文。像是貝哥就會先選擇自己想旅行的地點，規畫好一系列的行程，詢問一些固定合作的業者夥伴，主動提出住宿、景點票券、相關器材等贊助提案，如果業者也覺得這樣的行程和宣傳模式可行，或許就會撥出預算作為行銷贊助。

貝哥說，他也比較喜歡這樣的工作方式，因為廠商信任、行程安排和撰文上擁有比較高的自由度，而且回國後大約1個月內就能交稿，利潤和文章成效也都比較好掌握，目前1年他會安排大約5、6次這種形式的案子。

「不過龍蝦、鮑魚吃多了，也會有很膩的時候。」貝哥說，雖然在別人眼裡看來，能夠出國旅行真的是很爽的一件事，但對於一個專職的旅遊部落客來說，這些都是「工作」，面對給客戶及廠商的成效報告，有的時候壓力之大真的會讓人沒有心思好好玩樂。「每個人都喜歡到世界各地旅遊，但當喜歡的事成為工作就很難單純的喜歡它了。」

重點四：生活與工作的比例這樣拿捏

部落客的人生，生活跟工作似乎密不可分。為了保持對旅遊的熱愛及純粹的初心，貝哥也會安排1～2次專屬於自己的小旅行，選擇比較幽靜、特別的旅遊景點，排除任何的工作，只有他與一台相機，去享受自由自在、隨心所欲的單純旅行。閒暇之餘，他也喜歡躲在家裡打電動，或去潛水、登山、露營，卸下部落客身分，過一過屬於自己的人生。

貝哥也常常帶著老婆吱妞一起工作、除了幫忙當模特兒，也能一起創造美好的回憶（圖片提供／貝哥）

突襲職人包包

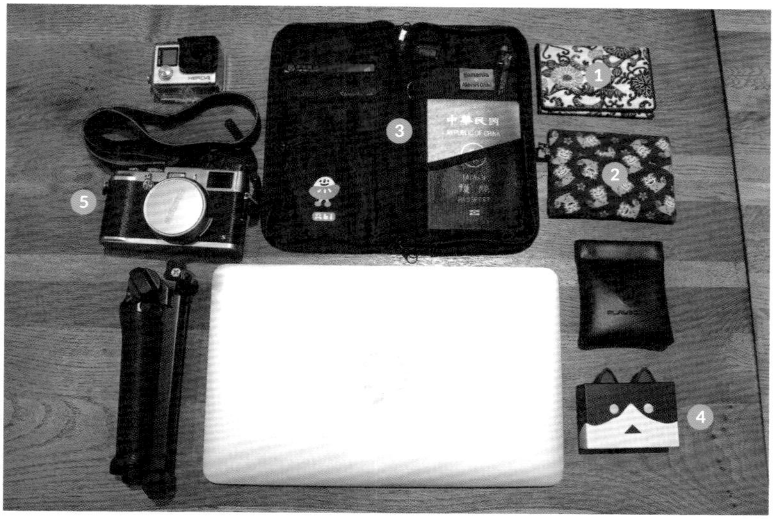

1 名片夾 | 沖繩傳統染布做成的名片夾

2 布面紙套 | 驅兇避邪的沖繩石獅面紙套，因為貝哥部落客之路是從沖繩起家，所以他總會把這兩樣沖繩小物帶在身邊

3 護照包 | 活動贈品，可以一次放進護照、外幣、信用卡和筆，很方便！

4 行動電源 | 旅行必備，維持手機電量，外觀則跟自己養的貓花色一樣

5 相機 | fujifilm x100s，出門旅行，想要輕巧又有高畫質的相機就選這一台

一秒惹怒部落客的一句話

可以幫我排行程嗎？

讓旅遊部落客最怒的一句話，感覺不受尊重。就像是問咖啡店老闆「可以給我免費給我一杯咖啡嗎？」有這麼理所當然的嗎？

好爽！一直出去玩就可以賺錢

如果是放鬆狀態去玩當然很開心，但我們的工作就是必須「對人有交代」，對客戶、招待、贊助的人都要有交代，很難真正放鬆去玩！

為企業形象加分的社群操盤手——小編

職場學長

李致淮

大家眼中的小編……

負責在粉絲專頁跟網友互動、宣傳產品

不管是公司行號或各種服務的提供者都會找小編，負責在FB粉絲專頁與網友互動的人，主要會分享一些公司的訊息、廣告或搭配時事推銷自家產品或服務，同時也兼當客服。

其實真正的小編……

分析數據資料也是重要工作環節

小編的工作其實不如大家想的輕鬆，小編就像是公司對外的窗口，除了粉絲專頁，很多小編也會在其他社群網路（LINE、IG等）軋上一角。此外，讓網站上的即時人數維持在一定的水平、整理分析與社群相關的資料報表，也都是小編的工作。

目前的社群經營重點仍是社群平台，所以小編電腦畫面最常停留在 FB、LINE 上

我也想入行！

成為小編的技術門檻並不高，但需具備耐心、細心、創意、反應快等特質。如果想要成為小編，或許可以從自己經營粉絲團或IG等社群開始，並在平時多瀏覽社群網站，看看其他的小編有什麼樣的創意可以借鏡，遇到事情時又是如何危機處理。

現在有許多關於小編的課程與社群行銷的座談會，如果沒有經驗，也可以去參加增廣見聞。

小編的收入概況

因為小編算是很新的工作種類，依每間公司對小編的需求不同，有些公司會把小編工作外包，可能是時薪制、也可能是以1篇貼文計價的形式來給薪。如果做出成績，有機會以社群顧問或社群廣告投放的身分接案子、開班授課等等。

至於聘用小編作為員工的公司，很多是由社群行銷、網路行銷或行銷企劃來兼任小編，因此薪資上比照行銷人員，約從2萬5千元~2萬8千元起跳。

職人都在忙什麼

踏進辦公室，就開始一天與流量的戰爭。李致淮是風傳媒的社群小編，這是一份大家都聽過，但對於實際工作的內容卻不太熟悉的職業。

大家眼中的小編

或許對有閱讀網路新聞習慣的讀者來說，小編的工作

必備的專業

* 打出來的文章要讓人看得懂
* 打出來的文章不能有錯字（別笑～還超難）
* 打出來的文章念起來要通順
* 隨機應變的反應力
* 良好的幽默感
* 被人罵還能笑得出來的修養

新聞媒體的小編發出貼文或訊息前要很謹慎，常會與同事互相討論或確認

不外乎就是貼新聞連結，是一種「三不一沒有」的職位，意即不用採訪、不用撰稿、不用太認真，沒有專業素養的工作內容。不只一般人這麼想，有些媒體也會將編輯與小編合併成一個職位，甚至會要求小編也要有撰稿的能力，因為在他們的思維裡，小編的工作內容是一種「附帶」的性質。

小編並不只是編輯的附屬，更是公司的公關

其實小編的工作並沒有那麼簡單。首先，處理新聞時雖然不須寫稿，但小編需要看過每一篇文章，並且清楚的了解文章的脈絡，才能寫出對應的導言；必須去思考怎麼樣寫才能吸引讀者，但又不會淪為誇大不實的報導。在閱覽文章時，還需要注意文章的的排版與錯字，所以在發布新聞前，小編就像是文章的「二次檢查員」，負責把關每篇文章的質量。

在發布新聞後，小編要處理的是讀者的回應，這時小編的一言一行就代表公司的門面。曾有企業的小編因為忘記切換回自己的帳號，以公司帳號回應帶有政治立場的貼文，立刻就被外界解讀成那間公司也有特定立場，引發部

分網友抵制，最後更是讓引起風波的小編丟掉飯碗。由此可知，當握有公司帳號時，小編就是公司對外的公關，當今天公司遭人惡意挑釁，或是爆發負面消息時，小編的舉手投足都將對公司造成巨大的影響。

小編，掌管社群上的行銷

現代人獲取資訊的管道已經不是報章雜誌，而是從社群網絡、親友或意見領袖身上汲取資訊，對於操作社群工具的小編來說，如何將自家內容「包裝」出去，吸引他人觀看、轉發就變得至關重要。

小編們也要觀察社群中的流量、讀者行為等資訊，回報給編輯做為參考

因此，「如何將自家的產品（內容）推銷出去，使人們能夠願意回到我們網站」便是小編們念茲在茲的課題，最為人所知的，運用社團分享、抽獎貼文、機器人回覆、創造有意思的網友互動貼文，這些構想與執行很多時候都由小編一手包辦。

如何搭配好的內容和企劃，擴散到讀者社群達到最大效益，就是小編的工作

上班時，不發新聞的小編都在做什麼？

由於小編比起從事一般媒體職務（編輯、美編等）更貼近讀者，因此線下的小編，需要整理社群的流量，例如造訪本站社群的年齡、性別、喜歡看什麼類型的內容等等，將這些資料數據化，以便幫助內容的產製者更了解自己讀者的型態，也作為之後撰文方向的參考。

李致淮也需要整理之前刊過的內容，並且分門別類，未來有類似的事件發生時，便能協助編輯快速抓取，進而加深撰寫的深度與廣度。除此之外，也要觀察現在社群的流行趨勢與內容是什麼，進而規畫相關的專題，例如嘗試辣泡麵、辣洋芋片的直播，或是節慶的相關貼文等。

下班，並不代表工作結束

不少網站徵小編相關職缺時都會備註「須對網路生態有一定程度的熟稔」之類的條件，因為做為一個小編，某種程度要很「鄉民」：必須要懂網友們的話語，才能夠跟網友互動，所以當小編隨時得要與網路保持聯繫、充實自己，用一句簡單的話說，「小編不是掛在網路上，就是在連上網路中。」

過往不少人的思維中，都相信只要內容好，即使不多做行銷也能讓更多人看到；但是在這個眼球爆炸的時代，如果沒有奮力的抓住他人的目光，那麼即使內容再優質，終究會被龐大的資訊給淹沒。讓內容有被更多人看見、傳播的機會，正是小編的工作，也是小編需要持續學習的事情。

電腦是小編工作最重要的夥伴，有些人還會搭配平板和手機一起使用，確認不同介面的效果

突襲職人包包

1. 筆電　吃飯的傢伙，需要寫文字的時候還是習慣有鍵盤，打字比較快
2. Ipad　需要閱讀文章、修改貼文的時候比手機更方便，或拿來玩遊戲
3. 手機　除了日常聯絡，最方便、基礎的修改貼文的工具
4. 行動電源　因為有平板跟手機，大容量的行動電源是必需品
5. 名片夾　雖說小編坐在電腦後面比較多，但談異業合作或企劃的時候小編也要與會
6. 球衣　個人小物，下班後會去打球紓壓

一秒惹怒小編的一句話

只是把新聞貼上臉書在寫一句話，為什麼可以成為一個職業？

很多人認為社群小編只是「複製貼上」，但其實還包含分析社群網站的數據、整理文章類型，甚至是構思社群專屬的活動企劃、隨時關注社群上最新的熱門話題，是非常專業的角色。

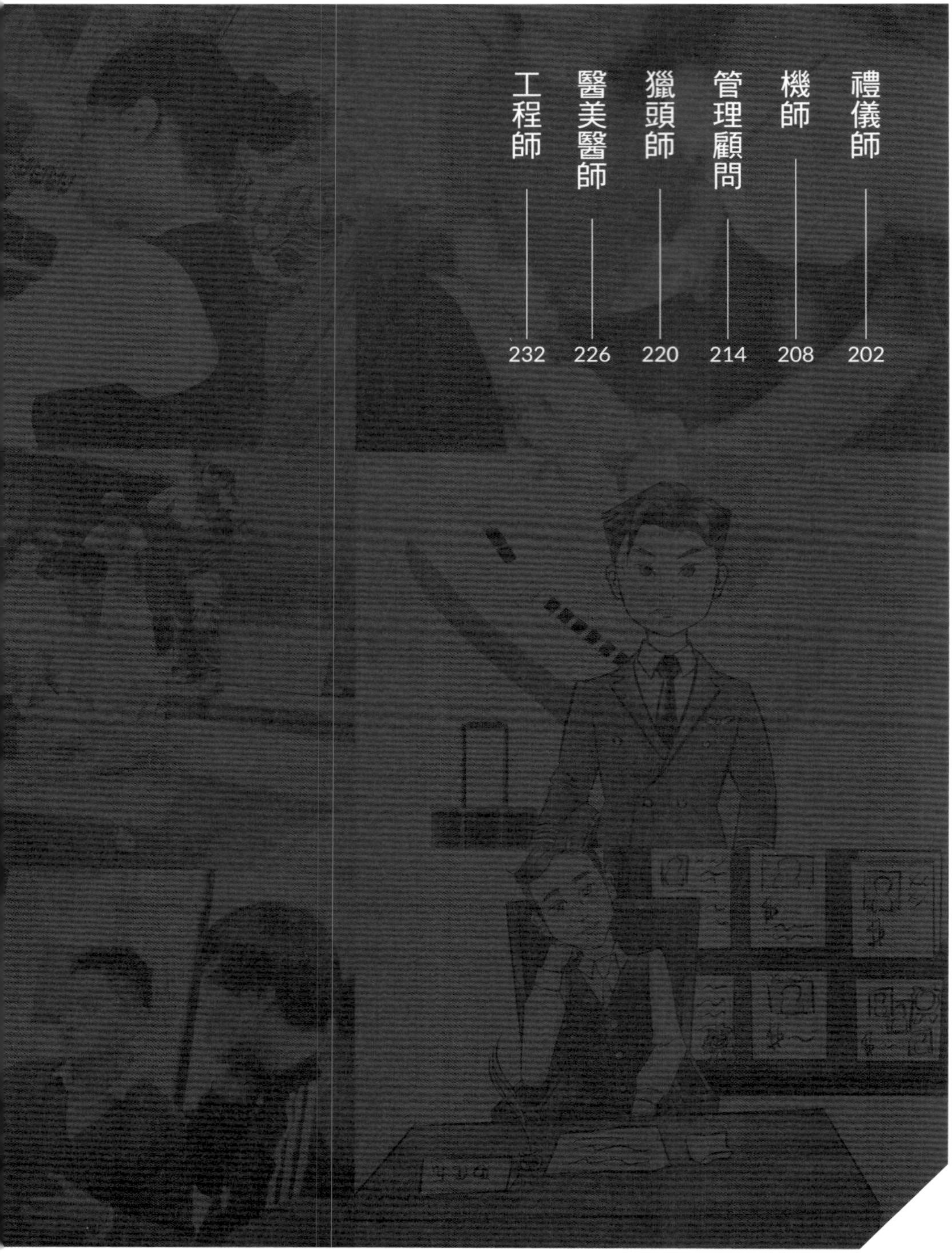

Chapter 05

他們擁有超高年薪

「工作是為了賺錢過好的生活。」是很多人對工作的期待，因此嚮往高薪工作的人可能很早就以律師、醫師、工程師為目標或夢想職業，想讓自己未來也有機會踏入百萬年薪的行列。不過高薪通常也伴隨著高風險或高工時的代價，在選擇這些職業前，你真的知道「賺大錢」需要付出的代價是什麼嗎？

人生最後的送行者——禮儀師

職場學姐

陳思韻

大家眼中的禮儀師……

大多數人忌諱，但薪水普遍高

在華人社會圈，談到與死亡相關的殯葬行業，許多人還是充滿恐懼與忌諱，避之而唯恐不及。人們聽到「禮儀師」一詞，第一反應多半是害怕加上一點點好奇，或是為這份職業貼上了高薪的標籤。即便近來陸續有電影揭開了部分神祕面紗，讓人知道禮儀師的工作有接遺體、化妝、主持喪禮儀式等等，也顛覆了某些刻板印象，但大部分人還是停留在與亡者、遺體接觸的觀念裡，並且很難體會這份職業背後的辛酸。

其實真正的禮儀師……

負責治喪一切工作，具有高度專業性

禮儀師的工作內容涵蓋很多層面，從臨終諮詢、關懷、逝者生命終止的遺體處理、為亡者引魂、豎靈、進行入殮儀式、治喪協調、奠禮準備、告別式的安排與掌控、逝者靈骨安奉的塔位，更有甚者包括生前契約、後續關懷、悲傷輔導等，就是家屬在治喪中所需要的一切，都是禮儀師的工作內容。

陳思韻是台灣第一位拿到官方禮儀師證書的專業禮儀師（圖片提供／陳思韻）

我也想入行！

想踏入這行門檻不高，科系、年齡都沒有限制。但是在體型儀態上有基本要求，有些公司會考美姿美儀，想入行的新鮮人可以多利用時間訓練自己的儀態。另外，如果想要在專業上更加分，可以考取禮儀師證照（丙級技術士）。

禮儀師的收入概況

殯葬業多數為支援型的流動人力，以禮儀師為例，有三種類型：若受僱於各大殯葬公司，由於全省皆有分公司及生前契約的簽訂，案件量最穩定。無論是區域駐點或醫院駐點，禮儀師薪資平均在7萬以上，助理在4～5萬上下。

若自行開業，每件案件利潤約2成；而單純做人力支援，以單工、單場或單案件計薪，薪水平均4萬以上不等。收入與案量息息相關。

但無論是哪一種受薪方式，都必須24小時待命、隨時出發。

必備的專業

- *客戶服務與關係維護
- *熟悉靈堂布置方式
- *大體洗身、穿衣及化妝技術
- *奠儀現場司儀主持
- *臨終關懷及安寧照顧的認識
- *解說或諮詢
- *行政事務處理能力
- *殯葬文書撰寫
- *了解喪葬禁忌
- *高EQ
- *細心、耐心

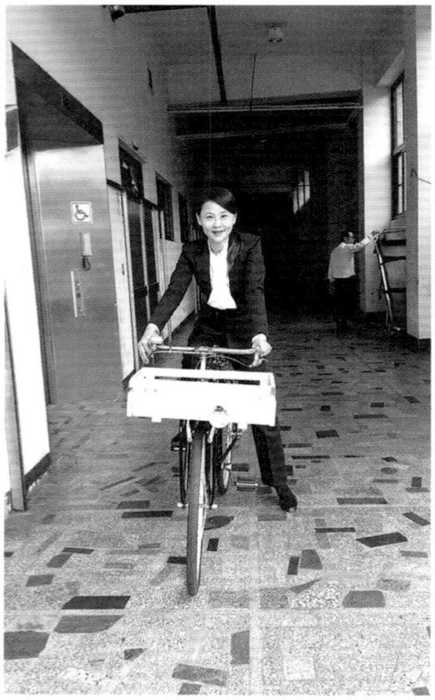

儀式用的物品很多，禮儀師準備了腳踏車方便在會場內運送（圖片提供／陳思韻）

職人都在忙什麼

生老病死每天不斷上演，華人注重生命歷程的各種禮儀，除了迎接新生命的誕生，如何送走離開人世的生命也相當受到重視。

陳思韻，台灣第一位由內政部頒定禮儀師證書的禮儀師，每日的任務就是打點亡者後事，讓他們的一生圓滿落幕。

24小時待命各式工作，形象的建立是首要條件

禮儀師每天工作內容都不同，也要因應喪家舉辦儀式的地點而到不同的地方工作，台灣一般道教喪禮的流程為：接體↓豎靈↓頭七與法會↓入殮↓出殯與告別式↓火化↓晉塔（安葬）↓返主安靈。這些流程視家屬安排的治喪期間而定，一般會在亡者頭七後行出殯奠禮的祭拜，火化後完成晉塔與返主安靈，喪禮便到此告一段落，後續則是每一次的作七法，以及百日、對年、合爐的傳統儀式安排，所以禮儀師手上可能同時有多個的案件，都進行到不同的環節。

禮儀師需要24小時隨時待命，接到家屬的電話通知就要準備出發，協助手足無措的家屬準備親人的後事，並在

上｜奠禮進行前，禮儀師會安排家屬在不被打擾的狀況下與親人做最後的道別 **左下**｜擔任告別式的司儀前，陳思韻會再次確認家屬追思文等內容 **右下**｜奠禮司儀也負責掌控整個儀式進行的節奏（上、左下、右下圖片提供／陳思韻）

第一時間讓他們安心與放心。

這天天還沒亮，陳思韻就準備踏上為亡者送行的路程。一般行業8點上班，6、7點就算早，而禮儀師永遠沒有固定的上班時間，這天陳思韻4點半就起床打理自己，因為形象對禮儀人員非常重要，面對一個陌生人，家屬憑藉的信任多來自第一眼的印象。

最怕突發狀況，準備好還得拿捏時辰

6點半左右陳思韻到達今天的告別式會場。為了讓所有的工作與流程能按部就班進行，並且隨時應對過程中可能遇到的臨時狀況，她都會提前1個半小時到場做好所有準備。

禮儀師也經常要協助家屬書寫，或代唸往生者的生平介紹及追思文，這天早上她要擔任告別奠禮的司儀，所以抓緊時間再次確認內容的流暢性。

奠禮舉行是看「時辰」決定，這次的奠禮儀式在8～10點舉行。7點之前就要先與家屬再次說明細節，並注意現場的來賓、人員、物品和動線狀況是否能夠使奠禮順暢。7點半開始，她帶著家屬進行家奠前的一連串儀式，在充份的安排下，讓家屬能在不被打擾的狀況下為親人盡上心意。

計畫趕不上變化，無時無刻和行程賽跑

上午奠禮結束後，陳思韻在11點左右先回到公司，準備下午另一場法會的物品，並稍作休息。但殯葬業工作者的計畫似乎總趕不上變化，突然一通電話更改行程，車上的物品就要趕緊換上另一台車，推上推床，趕往今天的第3個案件，出發接運亡者（遺體）。

整個豎靈儀式（寫好亡者名字牌位，再安置靈桌，進

上｜協助確認法會需要的物品並準備好，也是禮儀師的工作 **下**｜一通電話打來變更行程，禮儀師就得立即應對、準備相關的物品（上、下圖片提供／陳思韻）

行誦經）完成，將往生者尊體冰存後，為了不讓家屬擔心，一般的線香會燃盡，陳思韻會點上環香，使往生者能夠得到香火的供養，也希望他的家族都能香火無盡的延續。

接著她再趕往原本的法會會場，確認下午要進行的法會。法會開始後，由宗教人員帶家屬進行報親恩誦經儀式，陳思韻便利用空檔再準備今天的第四個不同案子——與亡者家屬溝通治喪事宜。

禮儀師身負解說和諮詢的工作，為了能清楚了解家屬治喪的需求，因此要不斷與家屬討論細節，這是非常必要的溝通，也是禮儀師核心內涵，知己知彼，才能讓亡者與生者二安，無所遺憾。

簡單用完晚餐後，她又回到法會會場準備繳庫儀式（把紙製模型燒掉送給亡者）所需的物品，儘管不知道往生者能否收到，但這是家屬對親人的心意。她相信愛不會被時空阻隔，再遙遠的距離，心與心依舊能相連結。完成繳庫儀式，法會才算圓滿結束，禮儀人員必須再次整理與布置會場，為隔天的其他場告別式做好最充足的準備。

9點半下班，再開將近1小時的車回到家，整理梳洗後，陳思韻躺在床上已經是深夜。

禮儀人員的辛苦很多人看不見，所以更需要家人的體諒與支持鼓勵；每天面對與亡者相關的儀式，他們更懂得死亡對家屬帶來的傷痛，也更惜生命。因此無論工作有多累、多晚下班，陳思韻都告訴自己要平安回家，因為家裡有愛自己、日夜擔心自己的家人。

上｜儀式進行的過程中，禮儀師也都隨侍在旁 **下**｜告別式或法會結束後，禮儀人員也要負責整理會場（上、下圖片提供／陳思韻）

突襲職人包包

1. **筆記本**｜每天有很多案件同時進行，需要隨時記錄與家屬溝通的事項與待辦事件，以免忘記
2. **通書**｜家屬與其親友經常對沖煞時辰生肖有所提問，通書一覽無遺，也可對照地理師擇日之適當與否
3. **鑰匙、鑰匙圈**｜師父送思韻的「知足常樂」，提醒自己保持平常心面對一切
4. **愛犬的骨板**｜愛犬威士忌已經過世，把牠的骨板帶在身上就像牠一直跟自己在一起

一秒惹怒禮儀師的一句話

這不是你們包在裡面的嗎！

有些人希望服務收費便宜，卻又希望提供的服務內容包山包海，發現有些儀式或服務需要額外收費時都會抱怨，所以一定要在簽約時講清楚避免糾紛。

集細心與冷靜特質於一身的空中飛人——機師

職場學長

小威

大家眼中的機師……

高挑挺拔，環遊世界

大多是男性，高挑挺拔，會穿著帥氣的制服，戴著墨鏡走在機場。可以藉工作之便玩遍世界各地，而且不像空服員需要面對顧客。高薪、最神氣的運輸業工作。

其實真正的機師……

對飛機設備瞭若指掌，冷靜解決突發狀況

機師最主要的工作當然就是開飛機、出發前要確認機械設備狀況正常、可以駕駛等等。不過平常也得按時接受考核，確認自己遇到突發狀況時，有相對應的解決辦法。

我也想入行！

想成為機師的方法有兩種，一是直接報考航空公司的「培訓機師」，考上以後會由航空公司負責訓練，大部分

高帥挺拔的男性，戴著墨鏡、穿著帥氣制服走在機場，拉著行李飛往世界各地，是一般人對機師的完美想像

飛行前機師與機長會相互討論飛行計畫，召集空服員開會，周知飛行資訊與可能面臨的飛行狀況

的機師也屬於這一類；但因為培訓機師的競爭者多，經濟狀況允許的話，也有人會自費出國受訓，稱為「自訓」。不過每間航空公司錄取自訓機師的狀況不一定，且自訓機師在有工作機會前，就需要投入相當高的成本，大部分的人會選擇考培訓機師。

至於視力、身高等基本條件，其實只要矯正後視力正常即可，一般民航機機師也沒有身高限制；反而因為飛機機型，空軍的某些職位會有裸視視力和身高上限的要求。

必備的專業

- **＊視力矯正後1.2**（無身高限制）
- **＊手眼協調**
- **＊短期記憶**
- **＊冷靜**
- **＊同時處理多樣資訊的能力**

到了飛機上，主要駕駛會先在駕艙準備，另一名機師則去做機外檢查，確認都沒問題後，就開放乘客登機

機師的收入概況

由於機師工作需要專業技能、加上工作時間排班不固定、工作又有高風險，因此如同一般人的認知，機師的薪水很高，每個月平均20萬起跳，另外會有額外津貼等等。

職人都在忙什麼

年輕的小威成為機師到現在已經超過5年，他很坦白的說，一開始也沒想過當機師，純粹覺得以前的工作太辛苦薪水又太少，產業狀況過於剝削；正巧與考上機師的朋友聊過後覺得可以試試看，於是全心準備培訓機師考試，錄取後就一直工作到現在。

機師的工作時間是排班制，依負責航班的時間決定。因此這次將以小威的一次飛行任務為例，分享機師的「一次工作」是什麼情況。

機師最重要的工作：起飛前各項檢查與準備

正式「開飛機」之前需要提早2小時左右到公司報到、換制服，接著會收到當天的飛行計畫及天氣資訊，也有負責人員會告訴機師飛機設備或機場有哪些設施維修中，或者是否有航道無法使用等等。

飛行時會由機長與機師（副駕駛）一起執行飛行任務，因此兩人收到資料後會互相討論飛行計畫，例如飛行過程會遇到亂流，該怎麼處理等等。如果遇到特殊的狀況，有經驗的機師會給機長建議，不過機長才是最後作決定的人。

和機長討論完後，兩人會再和空服員開一次會，告知飛行資訊、飛行中可能會有的狀況，或者機上有設備維修中，所以某些服務的時間要調整等。接下來機組人員就會一起前往機場，準備開工！

所有工作人員一樣要經過出關、護照檢查的程序；到了飛機上，主要駕駛會先在駕艙準備、檢查機上的安全狀況、寫飛行計畫、選航圖與塔台聯絡等等，另一人則去外面做機外的檢查。確認都沒問題後，就開放乘客登機。

令人興奮的一瞬！與飛機合而為一的降落時刻

其實飛機起飛後不久，就會轉換成自動駕駛的模式，機師屬於監控的角色，直到飛機要準備降落的時候，機師才會重新親手操控飛機。小威說，飛機落地的瞬間是他最喜歡的時刻，因為在那一剎那，心跳和脈搏都會增加，身體對於這件事也會有記憶，有種跟飛機合為一體的感覺。就算已經當機師這麼久了，他還是最期待每次的降落。

飛機準備降落，機師重新掌握操控桿，在落地剎那與飛機融為一體，是機師最享受的時刻

飛機停妥、乘客下機後，機組人員會快速的整理機上環境，再重新加油，接著就照一樣的流程再飛回台灣。

高薪的代價：密集而高強度的工作排程

如果是短程任務，如金門或澎湖等離島，這樣的行程就必須飛2趟；一般的國外任務則是一次來回後下班，有時候也可能會在當地休息後再飛回，這是因為機師有飛時的規定。以國際線為例，每24小時內，飛行員不可以飛行（從飛機開始移動到飛機停好）超過10小時，而且工作時間結束後最少要給10小時的休息時間，才能再次執行飛行任務。如果有密集的排班，機師的工作時間是每次12～14小時，接著休息10小時，再前往工作，強度相當大。

因為如此高壓和無法固定作息的工作時間，小威說，曾經就有前輩跟他分享，明明已經退休了，卻還是常常夢到自己睡過頭、遲到趕不上飛機而驚醒。也因此小威認為機師最需要的是充足的睡眠、保持自己的體能，才能好好完成每次任務。

機師最常做的夢：夢到自己遲到，趕不上飛機……

突襲職人包包

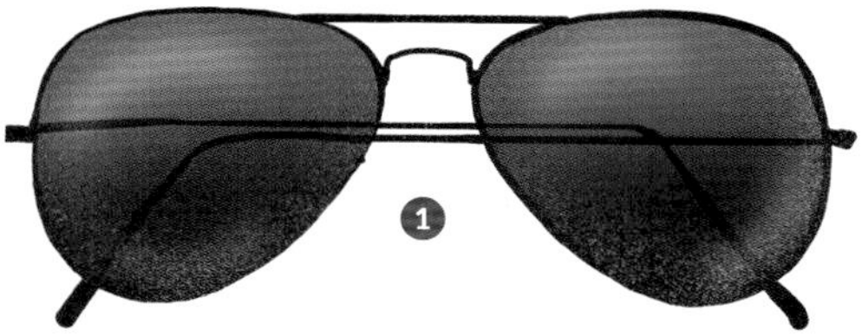

1. **墨鏡**｜在雲層之上的紫外線非常強，一副有效遮光的太陽眼鏡是必備品
2. **護照**｜世界各地飛來飛去，沒有護照怎麼出國？
3. **耳塞**｜機師通常會戴耳塞及飛行耳機預防起飛、下降時的龐大噪音，另外耳塞也能防止壓力變化造成的耳朵疼痛

一秒惹怒機師的一句話

什麼時候介紹空姐認識一下？

不喜歡這樣對女性不尊重的態度，明明就是同事，卻被講得彷彿機師跟空服員一定會有什麼關係。

企業問題的救援投手——管理顧問

職場學長 游舒帆

大家眼中的管理顧問……

替公司下指導棋的高薪菁英

不到公司出現困難時不會出現，來自外部，直接針對公司遇到的問題提供解決方案的厲害菁英。最知名的有麥肯錫（McKinsey & Company）、波士頓諮詢顧問公司（Boston Consulting Group）（BCG）、班恩企管顧問（Bain & Company）等3大管顧公司。顧問們都非常忙碌、沒有充分的睡眠時間，每天工作時數超過12小時，但薪水也相當優渥。

其實真正的管理顧問……

找出企業問題，協助公司發展

協助企業找出問題、結構化問題，並且提供解決方案。

最常聽到的類別有協助企業發展、增加營收或成本縮減的

時常會有講座邀請管理顧問分享專案管理的經驗（圖片提供／悠識數位顧問有限公司）

游舒帆也擔任講師，把結構化問題、提出解決方案的流程和思考方式教給更多人（圖片提供／游舒帆）

策略，也可能會參與組織架構重整、提升管理人領導力等等的營運面議題。

我也想入行！

具有多年顧問經驗，現為獨立管理顧問的游舒帆分享，許多國際型管顧公司偏好找工科背景出身、念過EMBA的人作為管理顧問；因為這樣的人才除了具備工科人結構化思考的能力，也經過商學院商業案例分析的訓練，在解構問題與提出解決方案時，往往能從不同維度思考。

必備的專業

＊結構／解構問題的能力

＊溝通能力

＊目標管理

＊方法論

游舒帆另外提到，顧問的分類很多，經營管理經驗不多的話，大多會偏向執行特定專業，例如從行銷或技術開始。如果累積了經驗，可能會進階為策略顧問，有能力提出具有洞見的策略，協助企業突圍創新，這一類稱之為營運或策略顧問。

一些大型的管顧公司如麥肯錫，因為具備完善的訓練制度，透過培訓再輔以完善的工具、框架，讓顧問新手們可以很快的上手，並透過一個又一個的真實案例累積經驗，30歲以下，就有機會成為獨當一面的策略顧問，如果對此工作有興趣，也不妨直接往大型管顧公司投履歷試試。

管理顧問的收入概況

台灣的管理顧問多以投入的時間計薪；國外或大型管顧公司則大多以包案的形式，例如除了談妥解決問題的費用，如果能讓營收增加可以另外加抽成，或有額外的車馬費或加上時間計薪等。

全職的管理顧問即使是大學畢業的學歷，踏入三大管顧公司的年薪都從百萬起跳，接著會依照能力逐漸調薪。

游舒帆是從技術起家，後來慢慢走入管理、產品、營運相關領域，才成為管理顧問（圖片提供／游舒帆）

職人都在忙什麼

資訊技術背景出身的游舒帆，原本是知名大型資訊公司的技術總監，在公司內部有豐富的「協助找出問題及導入數據化管理」的經驗；目前則同時作為個體戶的技術或管理顧問，也會在外開課擔任講師。這次就請他來分享，到底管理顧問都在做什麼呢？

顧問接案前要確定的事——「老闆可以接受嗎？」

一般來說，顧問大多是在公司內部無法解決問題時找來的「外援」，會從外部的角度協助客戶確認所遇到的問題，並提供解決方式。也因為提供的不僅是解決問題的方案，甚至會涉及管理方法、組織調整的服務，對顧問來說，慎重的與客戶先談妥並簽訂合約是最重要的事！

游舒帆說，有人來邀請他擔任顧問，他一定會先和公司老闆聊過，確認老闆對於這樣的解決方案是否買單且願意支持，免得最後找到解決方法，卻無法推行，那也是白搭。

因為是獨立顧問，他會找自己擅長的、想切入的領域的案件來服務。如果是管顧公司的顧問，一般不具備選案資格，案子的好壞和難易都要照單全收，在這一點上，獨立顧問確實有相對的優勢；劣勢則是資源不足，許多事都要自己一手包，沒有後勤與公司的品牌來支援。

協助企業找出問題、結構化問題，並且提供解決方案，就是管理顧問的工作（圖片提供／游舒帆）

找到「真正的問題」、設定期待

確認公司上下對於解決問題的目標後正式簽約，顧問的工作就正式開始了。

游舒帆觀察，有近8成的公司需要管顧幫忙的不見得是專業問題，而是內部溝通出現狀況，也有些是遇到困難卻不知道如何改變。這時候由顧問這種「專業的旁觀者」進入，幫老闆傳達，幫基層反饋，有時不像顧問，更像中間人的角色。

接著也要替客戶設定正確的期待，例如改善狀況需要的時間、可以做到的效益等，總之必須讓雇主知道藉由顧問的參與能得到些什麼？不能得到些什麼？避免雇主以為顧問出現就能解決所有問題。游舒帆給自己設定了一個目標，一個案子的時間不超過半年，必定要有明顯的成效。

確認計畫，執行專案，結案！

討論出改善的目標後，管理顧問不需要親自執行，而是由雇主推派一位PM，顧問協助PM排出每個月的計畫、討論實際作法。游舒帆認為，顧問主要是「告訴你流程、引導你解決，梳理問題讓你能夠理解。」他笑說，也許這對顧問來說不是好事，因為案子結束後，顧問就沒飯吃了；但身為一個專業的顧問，若越俎代庖，直接處理大小事，那雇主的員工就不會成長，不會形成長期的組織能力，這是不對的；必須在顧問退場後，員工們還是能持續做好做對，才是一個稱職顧問該扮演的角色。

接著要定期開會（例如每週）確認執行上是否有遇到困難需要調整，每個月針對解決狀況做進度分析。習慣上，游舒帆偏好每兩週都能有階段性的結果，一方面客戶對看得見的進度比較放心，另一方面也藉由產出結果來確認方向的正確與否，並進一步修正。

隨著一次又一次的成果交付，距離結案的日子也越來越近了，順利的話，通常能提早結案，但若過程中遭遇困境，例如雇主需求變來變去、員工配合度低，就需要有好的手腕去應對。

管理顧問的工作心法

剛入行的管理顧問，可能會透過熟悉解決問題的模板與框架來試著解決問題，諸如SWOT、金字塔、曼陀羅（Mandala）、business model canvas等。熟練後再試著將解法延伸，慢慢內化成自己的解決方案與知識體系。

然而學工具用工具，最後很容易人役於物，脫離工具後發現自己什麼事也做不來，因此游舒帆建議從事顧問工作，必須要勤於自學，不要把所有的時間都塞滿，一週5個工作天，最多只花3～4天的時間在客戶端服務。

「其他的時間要留給自己吸收新知。」尤其世界進步快速；顧問界的競爭其實也很激烈，做為個體戶顧問更不能裹足不前，否則很快就會被淘汰了。這個觀念也呼應了他對於管理顧問這份工作的三個關鍵字：自我管理、持續學習、商業思維。當自己的老闆，管理好自己時間、工作方向、不斷累積能力讓自己成長，讓自己成為真的能夠幫助客戶的專業顧問。

突襲職人包包

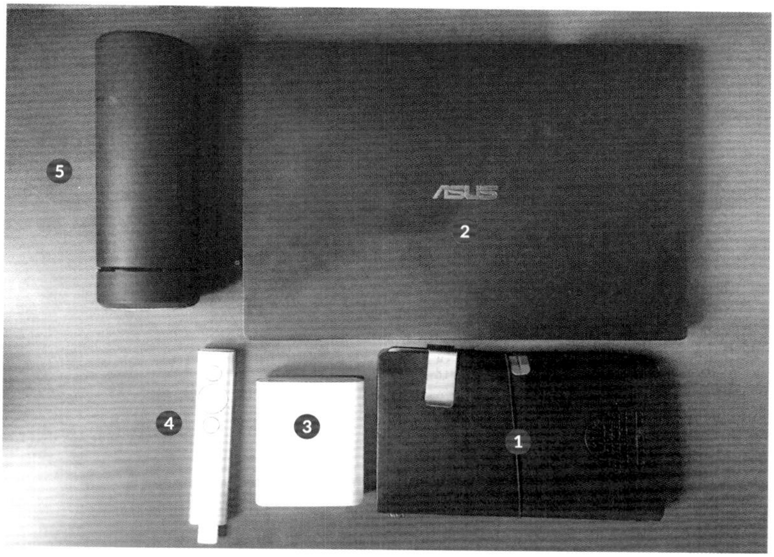

❶ **筆記本**｜討論或會議時，記錄重點和想法

❷ **筆電**｜工作時、準備演講內容的必備工具

❸ **行動電源**｜不論筆電、手機都常在工作中用到，有了行動電源才能延長工作續航力

❹ **錄音筆**｜作為會議、與公司／客戶洽談、演講／備課的記錄

❺ **保溫瓶**｜不管是開會或授課，講話的機會都非常多，裝滿溫開水的保溫瓶也是隨身攜帶的必備品

一秒惹怒管理顧問的一句話

顧問只會出張嘴。

顧問提供的服務本來就是提出專業的解決方案，而非執行。一般人之所以會有「顧問只會出張嘴」的印象，是基於對顧問的職責不了解所致。

找出最適合的工作者，慧眼識英雄的尋寶獵人——獵頭師

職場學長

阿凱

大家眼中的獵頭師……

蒙上神祕面紗的挖角高手

很多人都認為獵頭師（headhunter）非常神祕，對這個行業也不了解，只大略知道獵頭師會負責媒合業界高階人才，往來的都是產業裡資深、厲害的工作者。想找高階的好工作，問獵頭師就對了。

其實真正的獵頭師……

集業務與人資能力於一身的人才顧問

獵頭師的工作內容可以分為三類：開發業務、當顧問和面試官。首先，市面上有不少人力資源顧問，如何讓客戶（企業或公司）選擇他們，就得靠獵頭師的業務能力。

除了請獵頭師協助招募人才，市場行情、勞健保規範等，也由獵頭師提供諮詢；對一般求職者而言，獵頭師則

獵頭師的人脈很廣，手邊也隨時有工作機會

像專屬的職涯顧問。此外，獵頭師在推薦人才給客戶前需要透過面試審慎評估，確認適合才予以推薦。

我也想入行！

獵頭師的工作有非常高的業務性質，最需要的資產是產業的專業知識和人脈，因此有很多獵頭師是產業內的工作者轉職而成。也有一些人力資源顧問公司會找新鮮人，從「白紙階段」開始訓練獵頭師識人的眼光、溝通談判的能力。

獵頭師的收入概況

獵頭師的收入模式像業務一樣，有基本底薪，再依成功媒合的求職者薪資計算，由提出需求的公司負擔。例如獵頭師成功幫一間公司找到一位經理，而經理月薪10萬元，那麼人力資源公司可能會向該公司收取1～3個月的薪水，或者年薪的多少百分比，作為這個案子的成功媒合費用。因此，不同產業的獵頭師收入也不同，但平均來說，一位厲害的獵頭師年薪可以達到百萬。

職人都在忙什麼

獵頭師阿凱今年近40歲，原本想請獵頭師幫忙介紹工作，自己反而被說服踏入這行。幫公司賺錢的同時，也可以幫自己物色好工作，到現在已有10年的工作資歷。獵頭師的一天都在做些什麼呢？

必備的專業

- **人脈**
- **正直、同理心**
- **溝通能力**
- **招募、薪酬、訓練、績效管理能力**
- **業務能力**
- **市場分析**

不只「獵頭」，開發業務、人力資源顧問也是工作

獵頭師的工作內容大概可以劃分為開發業務、提供顧問服務和擔任人資的角色進行面試。獵頭師大部分的工作時間會花在找到有人才需求的公司，了解他們的需求後協助找到合適人才，並且確認人才實際到職工作超過「保證期」（通常約2～3個月）後，媒合任務才算結束；如果人才在保證期內離職，就必須免費替客戶再找另一個替代人選。

此外，很多企業未必立即有徵才需求，但獵頭師也會像顧問一樣，針對勞務市場的狀況，或者一些相關法規提供客戶諮詢。

獵頭師還要替客戶面試求職者，所以如何問出對的問題，以及幫企業找到合適的人，也是非常重要的工作內容。

獵頭師的價值：比人資更深入了解人才

除了花時間了解客戶需求、尋找人才外，獵頭師的時間還有一個很重要的投資點：了解人才。

阿凱說，每個獵頭師會有不同職業領域的人脈資訊

獵頭師會尋找有徵才需求的公司，仔細了解徵才條件後才能幫他們找到合適的人選

網，所以除了網路上的人才，透過自己熟識的朋友介紹，也是開發人才的方式。而且先經過朋友的推薦把關，更可能找到「在職中」的人才，也就有機會「挖角」，這些都是一般HR比較難接觸到的人選。

而要如何說服在職者或高階人才移動，靠的就是更深度的交流。很多時候，獵頭師們會跟人才成為朋友，深入了解這個人的個性與特質是否適合這間公司；也要從人才的角度替他思考換公司有哪些好處和缺點，對未來的升遷或發展性有什麼幫助？就算人才不適合當次的工作，也會盡量維持良好的關係。當獵頭師為人才著想、彼此建立起信任關係，也才能鞏固獵頭師的人脈資源。

獵頭師喜歡交朋友，透過不同類型的朋友能拓展自己的視野，同時了解產業趨勢與不同公司的文化背景

負責銷售最難掌控的商品：人

雖說工作性質很像業務，但比起一般業務，獵頭師賣的「商品」難度更高。因為一般的商品性質、特色都是固定的，但獵頭師要負責的是「人」，卻無法控制。阿凱分享，曾經就有公司的保證期是90天，結果公司在第89天把人開除了，或者幫忙找到人才了卻說預算不足；也曾遇過求職者已經準備報到了，突然說家人不答應，或問了神明擲筊後決定反悔。

「但你沒辦法拒絕人家，因為這都是他的選擇。」阿凱無奈的說。尤其在台灣勞資雙方資訊不太平等，如果客戶給的條件並不好，面對一位求職者，明明就有更適合他的機會，你該找他進來完成客戶的委託，還是告訴他有更好的機會呢？

工作的同時也是在「獵自己」，為自己物色未來的可能性

「一般人的一生有辦法跨領域做3、4種工作已經很多了，但我們卻可以了解到更多不同的職業在做的事、每天學習到不同的資訊，這是支持我持續做這份工作很大的動力。」阿凱說，獵頭師會接觸到各種工作，不需要親自去做就能了解每份工作的內容、為了未來發展該付出哪些努力，其實是很適合新鮮人去嘗試的職業。

而就工作能力上，受過訓練的獵頭師們也有很強的業務能力，在人資方面也很專精，因此如果有遇到合適的機會，獵頭師也可以去嘗試。也難怪阿凱會開玩笑地說，工作的同時他也是在「獵自己」了。

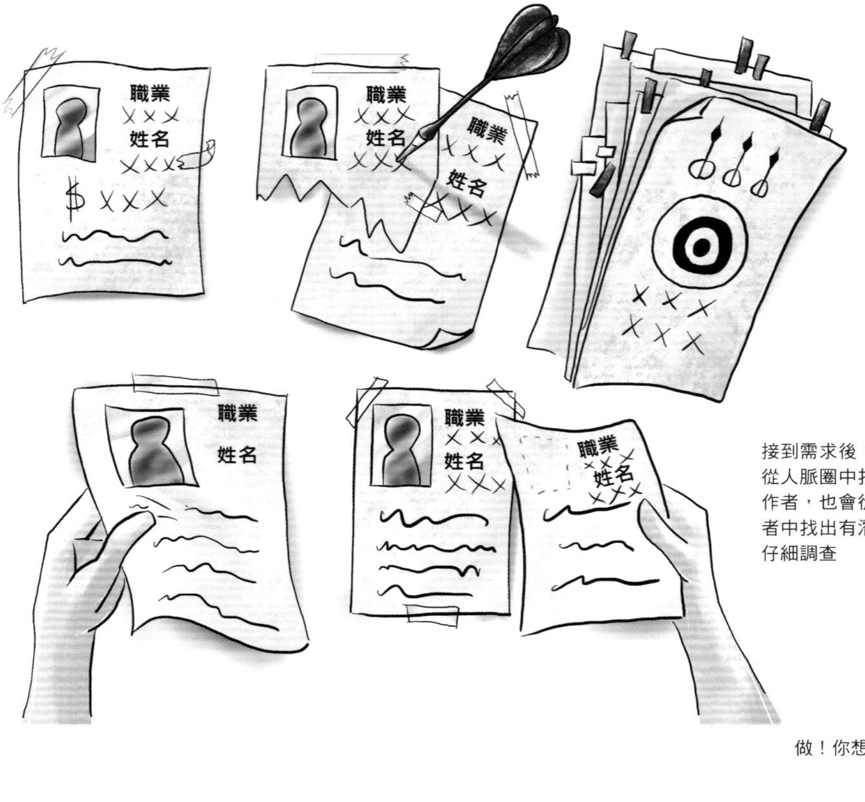

接到需求後，獵頭師會從人脈圈中找適合的工作者，也會從投遞履歷者中找出有潛力的人選仔細調查

突襲職人包包

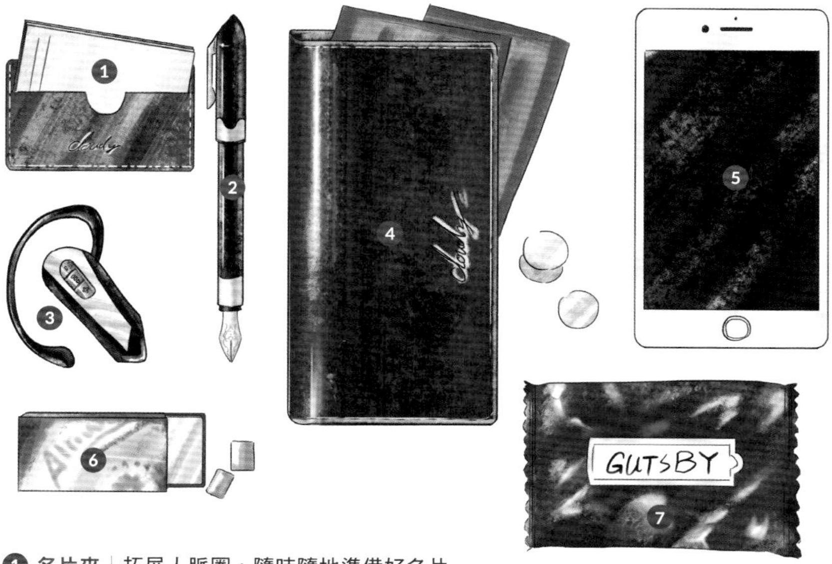

1. 名片夾｜拓展人脈圈，隨時隨地準備好名片
2. 筆 3. 耳機 4. 皮夾 5. 手機
6. 口香糖｜隨時保持口氣清新
7. 衛生紙｜隨時注意外表

一秒惹怒獵頭師的一句話

獵人頭就是人力仲介嘛。

很多人不經了解就覺得我們是仲介，或是像求才平台一樣，只做關鍵字媒合而誤解我們。其實我們會了解客戶需求、分析產業，與許多求職者面談後謹慎評估，才推薦人才或介紹工作機會。

妙手打造神顏美貌——醫美醫師

職場學長

朱芃年

大家眼中的醫美醫師……

擁有像怪醫黑傑克一般的神之手

有著「神之手」的職業，就像是厲害的雕刻家，能夠打造神奇的美貌。隨著近年醫美、微整形流行，醫美醫師也是一般人眼中最好賺的黃金職業。

其實真正的醫美醫師……

除了照顧病患，還要參加各式研討會

每天進診間看診，提供病患醫美諮詢服務，了解病患身體狀況，並根據病患需求規畫相關療程，診間外的時間會依照手術排程，施行手術或相關治療，提供病患術後護理的諮詢。除了醫師基本的工作外，也得抽空參加醫療會議、研討會、醫學研究、商品發表會、演講或其他活動等等。

朱芃年是醫師也是管理者，同時喜歡用研究和實驗充實自我

我也想入行！

成為醫美醫師，必備的條件是一定要醫學科系出身，畢業後接受2年「一般醫學訓練（PGY）」外加1年「外科訓練」，拿到專科醫師證照，提列專科醫學會頒發曾參與該項手術已達10例，及參加學術講座達8小時的學習證明文件，才可執行美容醫學。

如果要從事美容醫學針劑注射或是美容醫學光電治療的操作，還需另外接受相關的教育訓練，領到證明文件才能進行。除了專業條件外，想要進入相關院所擔任醫師，保持良好的外在儀容、談吐溝通及加強審美素養，不只是自身需額外培養的條件，也是業界的選才標準之一。

醫美醫師的收入概況

醫美診所醫師的薪水通常可分為排班看診的收入，及另外施作醫美療程或手術的案件收入。通常排班看診收入依照時薪計算，每小時時薪約落在1千~1千5百元之

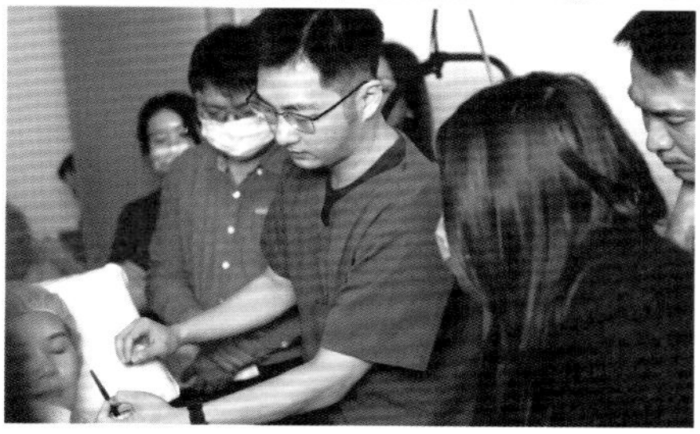

上｜病患預約諮詢後，醫師會先針對狀況提供醫療建議和療程規畫 下｜醫師們也時常共同研究手術施作的改善方式，讓手術變得更安全、簡單（上、下圖片提供／悠美診所）

必備的專業

- *醫學美容專業知識並能提供療程建議與執行
- *注射、手術操作、執刀能力
- *與客戶解說諮詢的良好溝通力
- *審美素養
- *市場情報蒐集及分析能力
- *研究發表

間，每次排班4～6小時，月薪十幾萬起跳。如果另加醫美療程施作，依照案件種類、困難度有不同計價方式，每個月收入總和能達到30萬。

職人都在忙什麼

上遍各大美容節目，在醫美微整形領域頗具知名度的醫師朱芃年，年紀輕輕就已經擔任知名連鎖醫美診所「悠美診所」總院長，擁有豐富的從醫經歷，身兼管理職與醫師雙重身分的他，每天要做那些事呢？

出發！巡醫院、開會，了解各分院經營狀況

身為連鎖醫美體系的院長，朱芃年需要管理多家診所，每天都會走訪不同分院巡視狀況。這天早上10點，他來到旗下一家診所，先和醫療團隊進行早晨會議，討論相關醫美療程及手術施做的改善方式、診所正在進行的研究，以及診所及廠商間新產品的研發及引進，並且進行醫療人員的教育訓練。

會議約進行1～2小時左右，大約12點，他回到本院的診間，穿好醫師袍，準備上診和病患們做諮詢和基礎治療。

許多醫藥產品的廠商會想和醫美診所合作，哪些產品適合病患使用，也由醫師把關（圖片提供／悠美診所）

穿上白袍，仔細諮詢、耐心說服，提供專業的建議及診療

診所採全預約制，在病患進診間前就先請他們在網路上填寫好個人基本資料，以及想要諮詢的項目，經由診所

安排醫生就診諮詢。在上診前，朱芃年會先看過預約資料，大略了解病患狀況，與病患見面溝通後，再依病患的實際狀況制定療程。經驗老道的他，看過的病患不計其數，幾乎可以在看見他們的第一眼及聽完需求後，就立刻給出理想的療程。他笑說：「我為病患決定（治療方式）比我進速食店點餐還簡單快速。」

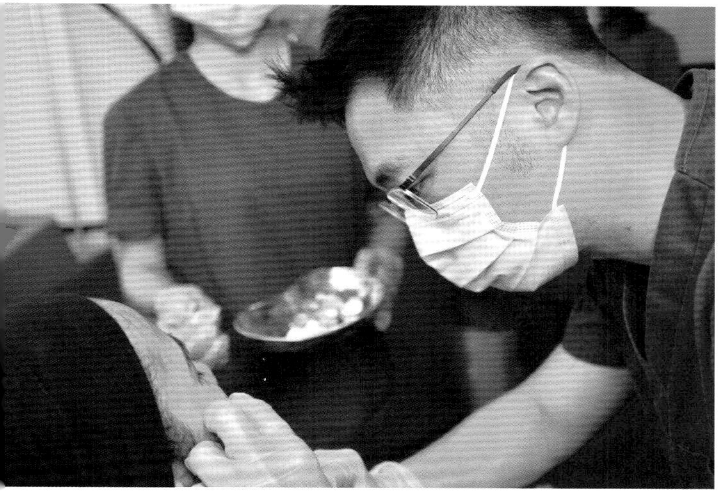

每個門診日，醫師約可以替 20 名左右的病患看診或施作小型醫美治療（圖片提供／悠美診所）

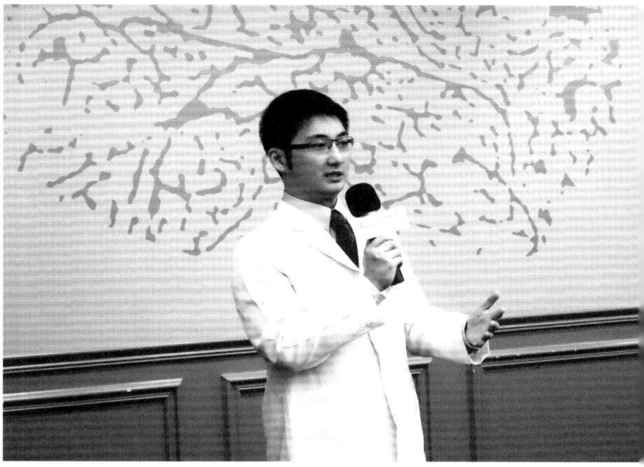

朱芃年也會受邀當講師，參與一些研討會和論壇（圖片提供／悠美診所）

門診日，他大約有8小時會待在診間，為20～30位病患諮詢看診、做基本的雷射以及拉皮等治療；若有較大型的手術，會安排在非門診時段進行。因為手術前患者需要禁食，所以會盡早進行手術，通常從早上9點就開始，如果不是耗時過長的手術，在中午前就能結束。

不過治療之前，最重要的還是花時間與患者溝通。不少患者會拿著明星照片當整型範本，偶爾也有患者對治療方式有意見，這時醫美醫師就需要扮演耐心的溝通者，用良好的態度及專業口吻，說服患者理解並循序漸進的接受治療。

是醫師也是管理者，研究、充實自己是興趣

非門診日的下午，朱芃年便全心投入「經營管理者」的角色。不少邀約都在這時段進行，像是參與醫學研討會、研究最新的醫美商品及技術、出席廠商的新品發表會或接受媒體採訪、節目錄影；他偶爾也會受邀當講師，分享自己的創業之道、經營理念及醫美專業知識。如果沒有邀約，他會在診所內研究經營的報表和資料；偶爾壓力大，他就只是呆坐著放空，什麼也不想，2、3個小時就這樣度過了。

「做研究」則是他享受午後時光的另一個興趣，剛做完抗老化及色素移植實驗的他，越來越熱衷嘗試新事物，最近也積極投入大腦開發實驗。「醫美工作能找到多變性，永遠都有新的東西可以做！」朱芃年自豪地說著，每天迎來的多樣挑戰，也讓他面對繁多工作依舊充滿衝勁。

不論是待在診間看診、做研究，還是外出洽談邀約，忙完下班，早已是8點鐘之後的事。回到家陪陪妻子及小孩，滑滑手機，一天的時光就平凡的度過了。

面對管理與治療同時夾擊的忙碌工作，他一向堅持「有效的時間管理」，即便工作、行程很多，他也能在短時間內輕鬆完成，保留更多的時間充實自己。

即便現在已經是醫美權威，朱芃年仍然花很多時間閱讀及從事新的研究來精進自己，雖然他笑著說這些都是「興趣」，但也不難看出他追求完美的決心，或許這就是他成為醫美醫師的最大原因吧。

朱芃年時常接受媒體或節目訪問醫美的議題

突襲職人包包

❶ **背包**｜覺得好看的國外牌子背包

❷ **雜誌及書**｜包包裡固定會放幾本，有些是商業雜誌，有些是自己閱讀興趣的書

❸ **酸痛貼布與護腕**｜手部和肩頸因為工作的關係會比較痠痛，要隨時好好照顧

❹ **髮蠟**｜身為醫美醫師，朱芃年也相當注重儀容，會隨身攜帶髮蠟

❺ **龍角散**｜常常要講很多話喉嚨會不舒服，可以稍微吃點龍角散

一秒惹怒醫美醫師的一句話

為什麼別人比較便宜，你比較貴？

有些病患可能不是很了解某些治療的精隨所在，來到診所就會先和別家比價，但其實我們會把醫療的標準提得比較高，價格上當然有所不同；就像做裝潢，一般人也不懂板材的好壞與差異。

職場學長

Jack

邏輯清晰，數字與程式的專家——工程師

大家眼中的工程師……

高收入，整天與電腦為伍

「男生居多，高門檻，高收入，有前景」這是許多人提到工程師會想到的標籤，工程師似乎總與電腦為伍，埋首於程式運算，但工程師實際的類別與職掌的業務，一般人是一知半解。

其實真正的工程師……

有各種不同領域，負責的工作各異

工程師的領域有許多種，可以分為軟／硬體工程師、網管工程師、AI工程師、BI工程師、大數據工程師等各種類型，工作內容也各不相同，包含網頁前端、後端開發、系統分析與設計、軟體設計、需求測試、系統維護等，也常常需要與其他不同類型的工程師、使用者、PM甚至客戶進行討論溝通。

就商業智慧（BI）工程師來說，工作內容可以簡單概括為「建立一套自動化產出數據的機制」，BI工程師收集、整合來自不同系統的數據資料（也就是資料倉儲系統），經過彙整後產製報表，協助組織進行數據分析。

想成為工程師，最重要的是有清楚的邏輯概念和數據概念

我也想入行！

想成為BI工程師，最重要的是「邏輯清楚、看到數字不會頭痛」。BI工程師的職務通常會要求應徵者有資訊科學，或是統計相關的學位或背景，但因為實際運用到的工具不斷改變，因此觀念最重要，接著才是依不同公司或不同職務學習相關的工具。

商業智慧工程師在台灣一般是較具規模的公司才有的職位，如果新鮮人想要入行，可以先藉由微軟的工具及市面上的書籍了解資料倉儲、商業智慧的概念，有興趣的話再進階摸索大數據的領域。

必備的專業

- ***清晰的邏輯思維**
- ***數字概念**
- ***SQL 語法**
- ***數據分析能力**
- ***行銷及業務觀念**（加分）

工程師的收入概況

不論是哪種領域的工程師，以碩士畢業生而言，剛入行起薪最少3萬5千元起跳，接著依據年資累積及個人能力表現，或被挖角到其他公司，薪資幅度逐步上漲。各種工程師薪資範圍有很大差異，但工作經歷約3～5年後年薪有機會破百萬。

而BI工程師因為具備一般IT的技能、熟悉公司的資料庫，比業務單位或需求單位更瞭解有那些資料可供使用，所以若本身也具備業務單位的敏感度，對組織的營運有很大的幫助。也因此，轉往規模較小的公司擔任行銷也是可考慮的發展方向。因為行銷往往對IT較陌生，此時可協助業務單位做為與IT及數據單位的窗口，都會讓組織的運作更順暢，薪資收入和位階也都有機會比單純的工程師再提升，對職涯發展有很大的幫助！

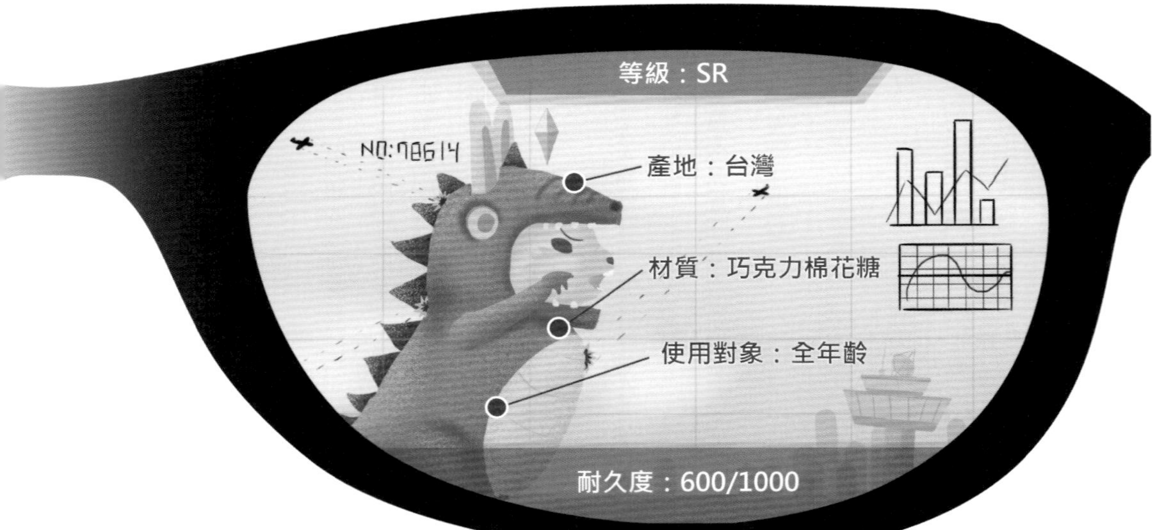

BI工程師要能看見狀況、產品和數據背後代表的意義，進而協助改善或調整發生的問題

職人都在忙什麼

大數據盛行與電商的蓬勃發展，許多職業因應而生，似乎也為職場帶起一股新潮流，像是數據工程師、資料分析師、電子商務工程師和商業智慧（BI）工程師都成為當今被看好的熱門產業。

Jack從資管研究所畢業後，原本在台南擔任CIM（Computer Integrated Manufacture，電腦製程整合）工程師，沒想到2008年遇上金融風暴，公司的案子全都停擺，自己被調職到新竹工作沒多久就遭到裁員。當時整個科技業都受到重創，他苦無方法回到職場，只好北上另尋工作，在朋友幫忙下踏進BI工程師的領域。

輾轉待過多間公司，目前Jack在國內某知名電商平台擔任BI工程師，負責開發、維護公司的數據系統，利用相關工具產出制式、例行性的報表，並搭配OLAP工具讓使用者自行拖拉報表。藉此服務行銷、商品部甚至是財務等部門的數據需求。Jack每天的工作則離不開盤點需求、開發系統、驗證測試和系統維護這四大面向。

BI＝工程師＋PM＋數據分析師

每天一早進公司，最首要的任務便是查看數據系統各項狀態是否正常，如果系統異常、排程有誤或是有其他特殊狀況，就必須迅速的讓系統恢復正常，讓數據可以正確地被呈現出來，因為這些系統可是維持公司運作的命脈。

除了例行的系統維護，Jack說：「我們每天還有大量的工作時間，是花在與使用者的溝通上。」大約有半天的時間，Jack會陸續聯繫或是接到不同客戶與使用者的來電或來信，針對客戶端的數據運用，提出相關的需求與改善，這時候Jack就像PM一樣，必須根據使用者的問題，新增、修改、刪除、調整相關的系統需求。

一般數據系統常需要跨部門的合作，所以有時需要同時跟使用者及IT單位的同事們進行討論，以便從中找到最佳解法，達成使用者的目的。

面對數字的工作，一不小心就廢寢忘食也很正常

由於每天工作都是和一連串的數字面對面，相當需要專注思考，因此工程師工作時，為了盡快解決工作上遇到的難題，有時候難免就忘了時間，中午忘了吃飯也是常有的事。

「常常都是突破一層一層關卡、終於解決問題後，才覺得胃痛，發現放飯時間已經過了很久……」Jack說，胃

工程師每天和各種數據為伍，常不小心一投入就忘了吃飯

藥幾乎是工程師們的常備藥品，因為資深工程師常常發生「不小心忘了吃飯」的狀況。

數據是武器，BI工程師就是打造神器的工匠

身為工程師，Jack的一天就在層層數據的包圍中度過，似乎沒有什麼變化，但他倒是樂在這種每天與數字為伍的日子。「相較於寫程式，我更喜歡拿數字做應用」，一直對行銷和數字抱有很大興趣的他，能夠在一堆數字中找到它們被活用的價值與商機，是他最大的樂趣。

「BI的核心就是數據、數據、數據，數據本身是個武器，而工程師就像將它打造為屠龍刀的工匠。」在BI產業打滾多年的Jack說，比起往上爬升到數據部門主管的位置，自己更想將數據這項武器，往其他領域延伸，結合行銷、業務或是其他能力，提供客戶更多有幫助的內容，創造更大的效益，為自己帶來更多成就感。

數據就是BI工程師的武器，造出一把好武器，還需要使用者好好使用才行

突襲職人包包

❶ 皮夾 ❷ 手機 ❸ 鑰匙

❹ 胃藥｜常常不小心就忘記吃飯的工程師的常備藥品

❺ 雨傘｜在台北生活，出門很習慣要帶著雨傘

★因為 BI 工程師接觸的資料幾乎都是公司內部機密，基於資安不可攜出，所以上班要帶的東西也不多。

一秒惹怒工程師的一句話

我們不是有 BI 和大數據，為什麼營收都沒有成長？

很多老闆都以為有了商業智慧系統或大數據就能提升業績，但數據本身只是武器，就算有了神器，沒有好的使用者也無法發揮效果。能依據這些數據資料來制定更進一步的營運或行銷計畫，才是真正活用 BI 和大數據。

你想時代 Leading

做！你想的工作

36位職場學長姐現身說法，領你找到出路與力量

The Job You Want.

作　　者　學長姐說
撰　　文　郭丹穎、翁韵純
內頁插圖　鄭力瑋

總 編 輯　張芳玲
企劃編輯　詹湘伃、翁湘惟
主責編輯　詹湘伃、翁湘惟
封面設計　魏小扉
內頁設計　賴維明
宣傳企劃　張舜雯

太雅出版社
TEL：（02）2882-0755 | FAX：（02）2882-1500
E-mail：taiya@morningstar.com.tw
郵政信箱：台北市郵政53-1291號信箱
太雅網址：http://taiya.morningstar.com.tw
購書網址：http://www.morningstar.com.tw
讀者專線：（04）2359-5819 分機230

總 經 銷　知己圖書股份有限公司
106台北市辛亥路一段30號9樓
TEL：（02）2367-2044／2367-2047 | FAX：（02）2363-5741
407台中市西屯區工業30路1號
TEL：（04）2359-5819 | FAX：（04）2359-5493
E-mail：service@morningstar.com.tw
網路書店：http://www.morningstar.com.tw
郵政劃撥：15060393（知己圖書股份有限公司）

出 版 者　太雅出版有限公司
台北市11167劍潭路13號2樓
行政院新聞局局版台業字第五〇〇四號

法律顧問　陳思成律師

印　　刷　上好印刷股份有限公司 | TEL：（04）2315-0280
裝　　訂　大和精緻製訂股份有限公司 | TEL：（04）2311-0221
初　　版　西元2019年01月01日
定　　價　380元

本書如有破損或缺頁，退換書請寄至：
台中市西屯區工業30路1號　太雅出版倉儲部收

ISBN　978-986-336-278-4
Published by TAIYA Publishing Co.,Ltd.
Printed in Taiwan

國家圖書館出版品預行編目（CIP）資料

做！你想的工作：36位職場學長姐現身說法，領你找到出路與力量 / 風傳媒－學長姐說作. -- 初版. -- 臺北市：太雅, 2019.01
面；　公分. -- (你想時代；2)
ISBN 978-986-336-278-4(平裝)

1. 職場成功法 2. 生涯規劃
494.35　　107018525